职场新人入职指南丛书

启动正能量 踏入新职场

QI DONG ZHENG NENG LIANG TA RU XIN ZHI CHANG

胡新桥◎编著

SPM
南方出版传媒
广东经济出版社
·广州·

图书在版编目（CIP）数据

启动正能量，踏入新职场 / 郭黎勇编著. —广州：广东经济出版社，2016. 1
（职场新人入职指南丛书）
ISBN 978 - 7 - 5454 - 4383 - 7

Ⅰ. ①启… Ⅱ. ①郭… Ⅲ. ①成功心理 - 通俗读物
Ⅳ. ①B848. 4 - 49

中国版本图书馆 CIP 数据核字（2015）第 309564 号

出 版 人：姚丹林
责任编辑：谭　莉
责任技编：谢　莹
封面设计：李桢涛

出版发行	广东经济出版社（广州市环市东路水荫路 11 号 11 ~ 12 楼）
经销	全国新华书店
印刷	惠州报业传媒印务有限公司（惠城区江北三新村惠州报业传媒大厦 1610 室）
开本	730 毫米 × 1020 毫米　1/16
印张	16. 25
字数	265 000 字
版次	2016 年 1 月第 1 版
印次	2016 年 1 月第 1 次
印数	1 ~ 5 000 册
书号	ISBN 978 - 7 - 5454 - 4383 - 7
定价	35. 00 元

如发现印装质量问题，影响阅读，请与承印厂联系调换。
发行部地址：广州市环市东路水荫路 11 号 11 楼
电话：（020）38306055　37601950　邮政编码：510075
邮购地址：广州市环市东路水荫路 11 号 11 楼
电话：（020）37601950　营销网址：http://www.gebook.com
广东经济出版社新浪官方微博：http://e.weibo.com/gebook
广东经济出版社常年法律顾问：何剑桥律师

前言 Preface

不论你是一位大学生，还是一位中学毕业就步入社会、进入职场的人，都怀揣着太多的梦想。可毕业了，进入职场才发现梦想被现实瞬间搁浅，漫无目的，找不到方向，不再奢望梦想。

越来越多的新人走入职场。每个初入职场的人都应知道：如何选择自己的职业生涯？如何实现自己的梦想？只有对自己了解得越多、对职场了解得越深，才会在每一个关键时刻，做出对自己最有利的选择，从而实现自己心底的梦想。

生活就是这么现实，生活的品质取决于工作的绩效，工作的绩效取决于工作的态度。在职场中，能否生存和发展与个人能力密不可分，职场的精英们个个有能力，懂规则。个人能力表现为时间掌控能力、知识水平、现场问题解决能力，职场规则表现为判断自身所处环境的能力。在职场中要知道该做什么、怎么做、有时间去做，但是初入职场的新人还不会调剂时间，不知道该怎么做，更不知道知道一件事情该不该做。

职场新人进入一个新的单位，过渡过程越短，与单位融合得越快、发展得就越快。这个过渡时间的缩短，要靠职场新人们自己好好努力，如懂得职场新人注意事项，了解职场菜鸟生存法则，并和同事建立良好人际关系，掌握的知识、能力如果不能满足工作的需要，职场新人就应该要好好地学习关于职场的各门功课！

“职场新人入职指南”丛书全方位、多角度、深层次的给你进行了提示和指导，本丛书包括《职场新人用心做好的66件事》《职场菜鸟44个第一次》《第一份工作，提升你的职场能力》《边干边学，成为职场健康达人》《启动正能量，踏入新职场》五本图书。

《启动正能量，踏入新职场》一书从自信，启动正能量；感恩，启动正能量；勤奋，启动正能量；乐观，启动正能量；自律，启动正能量；敬业，启动正能量；高效，启动正能量；沟通，启动正能量；宽容，启动正能量；认真，启动正能量十个章节对于新入职场的人提出一种思路和建议。全书通过每个知识点、细节点进行详细解读应该做什么、不应该做什么，并设有能量驿站栏目，让职场新人能够全面地提升自我，不断提升自己的价值，创造自己想要的人生。

本书主要给现代年轻人，尤其是90后、95后的职场新人、新毕业的大中专学生提供了一种全新的阅读模式，也就是快餐式、碎片化的阅读方法，读起来轻松、自然。适合企业、培训机构团购，用于培训；也是新入职大中专学生或新人从业的的入门、参考、培训用书。

由于编者水平有限，加之时间仓促、参考资料有限，书中难免出现疏漏与缺憾，敬请读者批评指正。同时，由于写作周期紧迫，部分内容引自互联网媒体，其中有些未能一一与原作者取得联系，请您看到本书后及时与编者联系。

编者

2016年1月

目　录
Contents

第一章　自信，启动正能量

自信能给人以力量，给人以快乐。正是有了自信，人们才充满了睿智，心中才升腾起无尽的希望。只有自信才能让自己的人生之花开得更茂盛更灿烂，只有自信才能让生活处处是舞台，让人生越过越精彩。

第一节　自信是快乐的源泉……2

法宝01：掌握一项技能……4

法宝02：永远都需要充电……4

法宝03：具有敬业的精神……4

法宝04：建立自己的人脉圈……5

能量驿站　如何增加职场自信……5

第二节　自信是成功的基石……7

方法01：关注自己的优点……10

方法02：树立自信的形象……10

方法03：让自己微笑起来……10

方法04：检查自己的感觉……10

方法05：认同自己的工作……11

方法06：做好充分的准备……11

能量驿站　如何传递自信获得更多成功……11

第三节　自信是潜能的放大镜……12

关键01：认识自我，展现应有的风采……14

关键02：接受并分析事实，消除自我怀疑……14

关键03：挑战自己的恐惧，自我协调 15
能量驿站　如何从里到外培养职场自信心 15

第四节　自信过头是自负 17

尺度01：做自己能胜任的工作 18
尺度02：话不要说得太过 18
尺度03：多一些亲切感 19
能量驿站　自信和自负的区别 19

第二章　感恩，启动正能量

感恩是一种处世哲学，也是生活中的大智慧。感恩是睿智的心态，懂得感恩的人才能品尝到生活的真正滋味。感恩工作，才能享受到工作的乐趣；感谢老板，才能历练自己，获得职业的提升；感谢同事，才能知道什么是同舟共济，才能获得长久的发展。

第一节　感恩企业，提供工作的机会 22

心态01：学会放空，把心态回归到零 25
心态02：学习接纳同事、老板与客户 26
心态03：要能承受压力、愿意学习 26
能量驿站　职场需要感恩 26

第二节　感恩工作，提供发展的平台 28

好处01：有助于提升个人修养 30
好处02：有助于建立良好的人际关系 31
好处03：有助于建立强烈的工作责任心 31
好处04：有助于培养高尚的职业情操 31
能量驿站　会感恩的人机会多 32

第三节　感恩老板，对你的培养和赏识 33

做法01：感谢老板的知遇之恩 35
做法02：谨记老板的教诲和叮咛 36

做法03：像老板一样工作 37
做法04：老板不在时同样努力 38
做法05：适时向老板表达你的感激之情 38
做法06：即使明天离开也要心怀感恩 39

第四节 感恩同事，对你的理解和支持 40

要点01：感谢同事给予团队的力量 42
要点02：感激同事搭起成功的阶梯 43
要点03：感谢同事建立的良好工作氛围 43
要点04：感谢同事时时的帮助 44

第五节 感恩对手，对你的激励和挑战 45

原因01：竞争对手激励我们不断进步 47
原因02：我们从竞争对手的身上找到了自己的不足 47
原因03：竞争对手的存在使我们不敢懈怠 48

第三章 勤奋，启动正能量

勤奋工作既是一种能力和克己的训练，也是创造辉煌成就的前提。勤奋工作能激活人内在的激情，勤奋是永不过时的职业精神。不论在什么时代，什么潮流和什么思想下，勤奋永远是受人尊崇的职业品质。

第一节 勤奋是攀登成功的阶梯 50

法宝01：树立良好的心态 52
法宝02：养成自觉的习惯 52
法宝03：拒绝懒散的态度 52
法宝04：培养付出的精神 53
法宝05：学会简单的思维 53

第二节 勤奋能克服“先天不足” 54

作用01：勤奋是成功的必备条件 55

作用02：勤奋是创造奇迹的先决条件......56
作用03：勤奋是积累资历的阶梯......56
能量驿站　一味抱怨不如努力实干......57

第三节　勤奋是肯干实干加巧干......58

表现01：真正的勤奋是要用心工作......59
表现02：勤奋工作需要善于思考......59
表现03：勤奋工作需要适当放松......60
能量驿站　埋头苦干不如抬头巧干......60

第四节　勤奋也要讲效率......61

法则01：不要所有事情都自己干......63
法则02：不要对一件事情太过较真......64
法则03：不要太过追求完美......64
法则04：不要长时间加班......64
法则05：不要反复做同一件事......64
法则06：不要靠想象做决策......64
法则07：不要什么任务都接受......65
能量驿站　职场勤奋需有度......65

第五节　勤学比好问更管用......66

窍门01：放低姿态，摆正自己的位置......68
窍门02：灵活变通，理论与实践相结合......69
窍门03：谦虚好学，讲究学习的方法......69
窍门04：遵规守纪，保留个人特色......69
能量驿站　职场新人应如何跟老员工学习......69

第四章　乐观，启动正能量

乐观是一种抱着阳光、积极向上的心态去面对生活的态度。乐观是从正面的角度看事，从积极的角度看人。乐观是一种开放的心态，是相信有舍才有得，相信努力总有结果，相信投入的信心比收获的保证还要重要。乐观是一种发自内心的微笑，是对用善意可以化解所遇问题的确信。

第一节 乐观让你变得更自信 72

技巧01：学会自信 74
技巧02：学会调节 74
技巧03：学会宽容与感恩 74
技巧04：锻炼耐心，培养细心 74
能量驿站 职场中最好不要有消极的心态 75

第二节 乐观让你勇敢面对挫折 75

法则01：吸取教训 77
法则02：能屈能伸 78
法则03：乐于助人 78
法则04：宽恕他人 78
法则05：坚守信念 78
法则06：心境开朗 78
能量驿站 身在职场如何保持积极乐观的心态 79

第三节 乐观让你离成功更近 80

妙招01：遇到挫折不抱怨 83
妙招02：任何时候都要抬头挺胸 83
妙招03：使用愉快的声调 83
妙招04：使用积极的字眼 83
能量驿站 职场中如何成为乐观者 84

第四节 乐观才能享受工作的乐趣 85

心态01：要有干好工作的愿望 87
心态02：要用心地去工作 88
心态03：要勇于承担责任 88

心态04：要抱着敬业的心态工作 88
能量驿站　职场上，乐观与悲观对待工作的区别 89

第五章　自律，启动正能量

自律，指在没有人现场监督的情况下，通过自己要求自己，变被动为主动，自觉地遵循法规制度，拿它来约束自己的一言一行。自律对于个人的事业来讲，发挥着重要的作用，加强自律有助于磨砺心志，有助于良好质量的形成，使人走向成功。

第一节　自律体现在守时守信 92
窍门01：守时要求准时赴约，不要迟到 95
窍门02：守时，也不要太早到 95
窍门03：准时上班很重要 96
能量驿站　职场中如何做到守时 96

第二节　自律体现在提前5分钟上班 97
好处01：让上司更加信任你 99
好处02：让同事更加相信你 99
好处03：可以整理办公环境 99
好处04：可以做好工作计划 100
好处05：可以给人好印象 100

第三节　自律体现在推迟10分钟下班 100
事项01：整理当天的工作 102
事项02：准备第二天的工作资料 102
事项03：检查并关闭办公室电器 102
事项04：收拾整理自己的办公桌 102
能量驿站　每天下班都晚走10分钟 102

第四节　自律体现在做到公私分明 104
原则01：遇事就事论事 104

原则02：不占用公司资源 105
原则03：不用上班时间做私事 105
原则04：不带情绪工作 106
能量驿站 职场新人要学会公私分明 107

第五节 自律体现在少说多做 108

法则01：多做一些有意义的事 113
法则02：多做一些是主动做，而不是被动做 113
法则03：敢想敢做 113
能量驿站 职场中不能说的话 114

第六章 敬业，启动正能量

敬业是一种精神，高度的敬业精神是一个从业者所具备的最核心的个人素质，是做好本职工作的重要前提和可靠保障。只有爱岗敬业，才能积极面对自身的社会责任和义务；只有爱岗敬业，对工作才会认真负责，不会敷衍塞责；只有爱岗敬业，才能促进我们不断地完善、自我修养。

第一节 敬业是一种职业态度 116

妙技01：要有积极的工作态度 118
妙技02：热爱自己的本职工作 119
妙技03：善于解决工作难题 119
妙技04：善于学习有上进心 120
能量驿站 工作时，敬业是什么 121

第二节 把敬业变成一种习惯 122

技巧01：敬业首先要有“心” 125
技巧02：敬业需要做到“精” 125
技巧03：敬业需要付诸“行” 125
技巧04：敬业要受得住“苦” 125
技巧05：敬业要做到“同” 126

能量驿站　敬业是一种美德……126

第三节　敬业不易精业更难……127

秘诀01：树立牢固的职业理想……130
秘诀02：设定准确的岗位目标……131
秘诀03：大力强化职业责任……131
秘诀04：自觉遵守职业纪律……131
秘诀05：不断优化职业作风……131
秘诀06：全面提高职业技能……131
能量驿站　从三只鸟的不同命运看职场……132

第四节　敬业才会觉得乐业……134

办法01：不要让人知道你不满的情绪……136
办法02：找到不喜欢这份工作的原因……136
办法03：问问自己到底想要什么样的工作……136
办法04：尝试去喜欢它，让自己去适应和改变它……136
能量驿站　职场最可贵的精神——敬业与乐业……137

第五节　敬业会让你更专业……138

窍门01：比上司提前到办公室……139
窍门02：合理利用空闲时间……140
窍门03：苦干要加巧干……140
窍门04：服从顶头上司……140
能量驿站　如何让自己显得更专业……140

第七章　高效，启动正能量

工作中我们都在极力追寻高效率的工作，高效率就是最短的时间内高质量的完成工作量，在现如今飞速发展的时代，时间就是金钱，时间就是生命。没有哪位老板喜欢太慢的员工，工作效率是企业的生存之本，也是员工能够在企业中发展之本。

第一节 练就独门专长，高效工作 144
提升01：知识积累 145
提升02：用心观察 145
提升03：独立完成 145
提升04：合理充电 145
能量驿站 职场中如何提高工作效率 146
第二节 培养好习惯，高效工作 147
习惯01：让自己的办公桌保持整洁 148
习惯02：做事要有轻重缓急 148
习惯03：学会当机立断，不要优柔寡断 149
习惯04：工作开展之前先做好计划 149
习惯05：工作开展之前做好准备 149
习惯06：遇到困难学会分解任务，合理分工 150
习惯07：学会调剂，适度休息 150
能量驿站 职场高效工作有高招 150
第三节 管理好时间，高效工作 152
方法01：合理安排时间 154
方法02：学会打电话的技巧 154
方法03：不要把时间浪费在“准备开始”上 154
方法04：追求完美等于浪费时间 155
能量驿站 职场人：高效管理你的时间 155
第四节 克服拖拉，高效工作 157
原则01：一点一点地做 158
原则02：没有“必须做”，只有“想要做” 159
原则03：走出去想办法 159
原则04：给自己定时 159
原则05：消除所有干扰 159
原则06：停止完美主义 160

能量驿站　高效工作从办公室开始……160

第八章　沟通，启动正能量

21世纪是一个社交化的社会。生活中的每一天我们都会与别人交流。沟通随时随地都伴随着我们，沟通是我们工作、生活的润滑油。沟通是消除隔膜，达成共同远景、朝着共同目标前进的桥梁和纽带。沟通更是学习、共享的过程，在交流中可以学习彼此的优点和技巧，提高个人修养，不断完善自我。

第一节　有效沟通从倾听开始……164

技巧01：保持适当的视线接触……165
技巧02：不要随便打断对方……165
技巧03：适当地重复……166
技巧04：适时地展示赞许的表情……166
技巧05：不要做一些分心或不恰当的举动……167
技巧06：不要以自我为中心……167
技巧07：有选择性地听……167
技巧08：抱着负责任的态度……167
技巧09：不要有预设立场……167
技巧10：要学会听出言外之意……168

第二节　学会与上司沟通的方式……169

方式01：沟通越简洁越好……170
方式02：沟通应“不卑不亢”……171
方式03：沟通需择机而动……171
方式04：沟通时保持平常心……172
方式05：用聆听开创沟通新局面……172
方式06：贬低别人不能抬高自己……172
方式07：用能力说服上司……173
方式08：用轻松幽默的口气说实事……173
能量驿站　职场新人与上司沟通的五个实用小技巧……173

第三节 扫除与同事沟通的障碍 175

窍门01：乐于帮助别人 178

窍门02：坦诚相见 178

窍门03：赞美欣赏 178

窍门04：少争多让 178

窍门05：善于倾听 178

窍门06：容忍异己 179

窍门07：巧用语言 179

窍门08：理解宽容 179

窍门09：不要利用对方 179

窍门10：明确定位 179

能量驿站 职场中同事的有效沟通法 179

第四节 把握与人沟通的分寸 181

分寸01：要会说话 182

分寸02：不要过分吐露自己的烦恼 182

分寸03：最好不要与人抬杠 183

分寸04：闲谈莫成“耳语”散播者 183

分寸05：不要炫耀自己的优越 183

分寸06：不要当众揭对方的隐私和错处 183

分寸07：不要故意渲染和张扬对方的失误 184

分寸08：不要过早说深交话 184

分寸09：说话不看时机 185

能量驿站 如何与人沟通 185

第九章 宽容，启动正能量

宽容是最美丽的一种情感，宽容是一种良好的心态，宽容也是一种崇高的境界，能够宽容别人的人，其心胸像天空一样宽阔、透明，像大海一样广袤深沉。宽容不会失去什么，相反会真正得到，得到的不只是一个人，更会是得到人的心。

第一节 宽容一点，为你赢得信任 190

理解01：宽容别人，其实就是宽容我们自己 193
理解02：宽容，就是忘却 193
理解03：宽容，就是不计较 193
理解04：宽容，就是潇洒 193
理解05：宽容，就是忍耐 193
理解06：宽容，是一种坚强，而不是软弱 193
理解07：宽容，就是在别人和自己意见不一致时也不要勉强 194
理解08：宽容，并不是一味纵容 194

第二节 宽容一点，可以消除误会 195

法则01：小肚鸡肠要不得 197
法则02：求同存异消除隔阂 197
法则03：宽宏大量注重主流 197
法则04：勇于承认错误和接受别人的批评 197
法则05：严于律己、宽以待人 198
法则06：记人之善忘人之过 198
法则07：给别人的错误找个理由 199

第三节 宽容一点，理性对待竞争 199

技巧01：退一步海阔天空 202
技巧02：不要一味指责别人 202
技巧03：设身处地为人着想 203
技巧04：不要伤对方的心 203
技巧05：对人要求不要太高 203
技巧06：不要表现得高人一等 203

第四节 宽容一点，善待他人的过错 204

心态01：要有乐观的心态 206
心态02：要有积极的心态 206

心态03：要有感恩的心态......207
心态04：要有释怀的心态......207
能量驿站　原谅一切可以原谅的一切......207

第五节　宽容一点，成就职场未来......208

标准01：不涉及对方的错处......211
标准02：不张扬对方的失误......212
标准03：不让对方败得太惨......212
标准04：不要对别人过于苛求......212
标准05：不要被他人所左右......212
能量驿站　怎样让别人宽容你的错误......213

第十章　认真，启动正能量

认真是成功者必须具备的品质。从古至今，有许多人就是因为对平常的小事特别认真，特别仔细，才会取得成功。认真是做好任何事情的前提。再简单的工作，如果不认真对待，也会做不好。认真是一种责任感，一种对工作的态度，一种极端负责的精神。

第一节　认真就是兢兢业业任劳任怨......216

条件01：认真是一种纪律......218
条件02：认真是一种成本观念......218
条件03：认真是一种自我要求......218
条件04：认真是一种心头意识......219
条件05：认真是一种细节功夫......219

第二节　认真就是简单小事做到极致......220

原则01：要有明确的目标......223
原则02：要有很强的责任感和认真负责的态度......224
原则03：要有不怕吃苦不怕困难的精神......224
原则04：要相信专注的力量......225

能量驿站 如何摆脱对小事无所谓的恶习……225

第三节 认真就是专心致志全力以赴……226

步骤01：列好工作清单……229
步骤02：排除外界干扰……229
步骤03：弄清最后完成期限……229
步骤04：设定一个完成时限……229
步骤05：加强完成任务的欲望……230
步骤06：适当给自己奖励……230

第四节 认真就是注重细节用心做事……231

培养01：重在坚持……234
培养02：改变观念……234
培养03：从点滴小事做起……234
培养04：学会自我控制……235
培养05：对自己一定要“苛刻”……235
培养06：训练集中注意力的能力……235

第五节 认真就是坚持到底永不放弃……236

技巧01：积极的自我暗示……240
技巧02：吸取生活中的正能量……240
技巧03：借助榜样的力量……240
技巧04：寻找同伴的鼓励……240
技巧05：想象成功的诱惑……240
技巧06：众人期望的刺激……241

第一章

1 自信，启动正能量

能量导读

自信能给人以力量，给人以快乐。正是有了自信，人们才充满了睿智，心中才升腾起无尽的希望。只有自信才能让自己的人生之花开得更茂盛更灿烂，只有自信才能让生活处处是舞台，让人生越过越精彩。

第一节　自信是快乐的源泉

名人名言

如果没有自信心的话，你永远也不会有快乐。

——拉罗什夫科

自信的人对自己有一种积极的认识，认为自己是有价值的和独特的人，可以受到别人的重视和尊重。他在工作中，就不会过于在意别人的评价，而会以一种宽容、善解人意的态度对待工作、对待他人，因此容易建立良好的人际关系。保持一种愉快、稳定的情绪，从而收获更多的快乐。

如果你自信了，那么你就会觉得快乐。同样的，如果你快乐，那么你一定能生活得很自信。这两样东西很重要，然而有时却又是很难得到，所以我们要自己寻找快乐，相信天生我材必有用，在这个过程中要保持自信，要相信自己可以快乐。

电视节目《非常六加一》中有一个选手，她并不漂亮，矮个子，大脸庞，肤色偏黑；她的工作也不是很好，在陶然亭公园做清洁工兼导游；她唱歌也不是特别好，甚至舞蹈动作也有些生硬。

奇怪的是，几个表演者里面，她是最受观众喜欢的，成为当晚的“非常明星”。她叫单明明。

当主持人李咏问她：“你对自己的工作怎样看？”

她不假思索地脱口而出：“喜欢。我的工作环境比你好。”

她说：“我不打算换工作，只是希望游客能多一些环保意识。”

她的爽直与自信打动了在场的每一位观众。看得出她说的全是真心话。因为她的举动里透出的全是快乐与满足，是一种工作的快乐与满足。她并不因为自己是清洁工而觉得低人一等，她和其他的大学生选手一样自信，甚至比他们更自信更快乐。

从镜头里，可以看到她在公园一丝不苟地打扫、看到她郑重其事地为游客介绍、看到她和其他的清洁工姐妹无拘无束地打闹、看到她幽默风趣地和父母开着玩笑……看到的全是生活的快乐、是生活里快乐真实的单明明、是一个快乐姑娘的真实人生。

看来，自信比什么都重要。做什么工作并不重要，重要的是要有自信。同样，你处在怎样的工作环境里也并不重要，重要的是自己不要看轻自己。你就是你，别人无法替代，你有你的快乐、你有你的优势、你有你的魅力。你可以没有美丽的容貌、可以没有优越的工作、可以没有优异的天赋，但不能没有自信。当你自信时，你普通的长相也会透出魅力，你平凡的工作也可以干出成绩；当你自信时，你才会让别人信任你，才会把生命活出质量；当你自信时，你才能快乐，也才能给别人带来快乐。

快乐能提高效率、创造力和正确决策的概率；快乐的人有开明的思想，愿意帮助别人。积极的自信不仅能带给你快乐，也是你建设人生的奠基石。

那么职场新人怎样才能打造自己的职场自信心，做一个快乐的职场人呢？

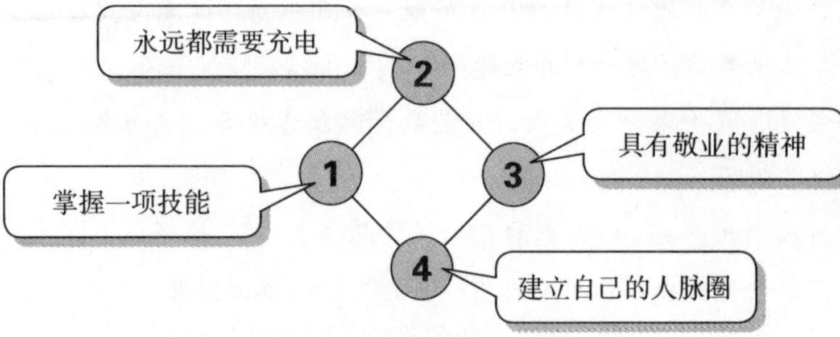

打造职场自信心的法宝

法宝01：掌握一项技能

没有专业和职业技能的人，在职场中就是可有可无的人。如果你做的工作是人人都可以做到的事情，那你就属于那种什么时候、什么人都可以替代的人，这就无从谈起你对公司的重要性，也就无从谈起你的信心了。

法宝02：永远都需要充电

阿萨·赫尔帕斯爵士曾经说过："经常听、时常想、时时学习，才是真正的生活方式。对任何事既不抱希望，也不肯学习的人，就没有生存的资格。"这句话告诉我们，学习对每个人都是非常重要的，学习不仅仅影响到人的生活，更影响到人的生存。

在竞争日益激烈的现实社会中，人们每天所要面对的是如何在竞争中生存下来，于是，不断充电就成为必然。而不断更新知识对于每一个职场人来说，就像每天保持干练的职业形象一样重要，即使有非常专业的知识储备，那也要不断学习，了解你所从事的行业和职位的最新资讯，并根据最新的职业要求补充自己的技能……有了对本行业最新资讯的了解，你想不自信都很难。

法宝03：具有敬业的精神

敬业非常重要，因为敬业意味着你忠人之事，意味着别人可以信任你，可以在你肩上增加重量。当你有了专业、有了技能之后，如果再有很好的职业道德和敬业精神，那么你的职业前景将会非常光明。即使你不想有所发展，不想获得升职，各种各样的好机会也会降临。所以，请认真地告诉自己，做一个敬业的人、踏实的人，而不是投机者，相信你的自信会在这个过程中逐步得到提升。

法宝04：建立自己的人脉圈

有了敬业精神之后，你还要拥有良好的人际关系，这是你能够获得足够自信的根本所在。在如今的社会上，许多技能非常出色的人并没有获得升职或者加薪，许多技能差的人却出人头地了，这是为什么？其中原因有很多，但主要原因就是他们拥有良好的人际关系，这种人际关系成为他们升职加薪的最重要的保证。那么，怎样建立自己的关系网络呢？方法有很多，最主要的还是从自己的兴趣、爱好出发，从同学、老乡等关系出发……结成一个个的“小团体”，只要你成为其中的一员，你的“人际资产”就会增加，当你有所需要的时候，他们就会焕发出无穷的力量，你的自信心也会在此基础上倍增。

职场上，自信会给我们真正的力量，它是促进我们发展的推动力。一旦在工作中树立起使命感，你就会主动地为自己出点难题，每天都有难题处理，你自然就会活得充实。坚持下去，你就能发现自己每天都在进步、每天都会感到快乐。

能量驿站

如何增加职场自信

自信是人对自身力量的一种确信，相信自己行，是一种信念，能够促进成功。在工作中更是这样，职场自信往往是人们克服困难、取得成绩的法宝。

一个在工作中自信满满的人，往往对自己的能力有清醒的认识、对事情发展能全盘掌握。如何快速建立职场自信心呢？请参考下面十招。

第一招：双眼直视前方

“低头看脚”会让人觉得“我不想与你过多交流”。因此，提醒自己养成“抬起下巴、双眼前视”的习惯，会让你看上去更容易亲近。

第二招：挺胸站直身体

这是保持自信的重要方法，会让你精神饱满。平时可对着镜子，强迫自己双肩后拉、挺起胸膛。

第三招：走路大步流星

自信者走路时绝不会鬼鬼祟祟、偷偷摸摸。走路时步子迈大些，会让你看起来更果断，内心平静、处事不惊。

第四招：握手有力

在外国朋友眼里，有气无力的握手“像握住了一条死鱼”，让人反感。握手一定要有力度，这是自信的表现。

第五招：打扮整洁清爽

整洁的衣着、干净的面容、清爽的发型等，都能让你看上去自信又干练，为你的成功交际助上一臂之力。

第六招：保持微笑

自信者通常能笑对一切，战胜烦恼。因此，常把微笑挂在嘴边，无论对提升自信度，还是拉近人际距离，都大有帮助。

第七招：拍拍对方的肩膀或后背

适当的身体接触，可以表达善意和亲密。别人说得好，拍拍他的肩膀或后背，可以传达出你的欣赏和支持，也表明你是有主见的自信者。

第八招：双手放到口袋外

感觉不舒服或不自信的时候，我们可能不知不觉地将手插入口袋。但是，与人说话时一定要把手拿出口袋。

第九招：手臂放下来

双臂抱于胸前是典型的防御性动作，说明你心情不好、不想与人交流，或者是掩饰焦虑等，给信心大打折扣。

第十招：手脚别乱动

手足无措是精神紧张的最明显标志，说明了心中忐忑、不自信。因此，与人交流时，一定要尽量保持相对固定的姿态，特别是不要让手脚晃过来抖过去，让它们出卖你心中的不安情绪。

第二节　自信是成功的基石

名人名言

自信是成功的第一要诀。

——爱默生

自信是指人对自己的个性心理与社会角色进行的一种积极评价的结果。它是一种有能力或采用某种有效手段完成某项任务、解决某个问题的信念。它是心理健康的重要标志之一，也是一个人取得成功必须具备的一项心理特质。

研究生毕业的洁婷，向自己心仪的一家知名企业投递了求职信。周一，她接到该企业要求其当日下午前往面试的通知，对方称原本应该提前通知她的，可当时将她的名字意外漏掉了，后来确认时才发现，故只好麻烦她临时赶到。

接到通知时，洁婷正与好友在街上闲逛，穿着非常随意的T恤、牛仔裤和运动鞋。一看表，离面试开始只剩1个多小时了，已经没有时间回去换衣服打扮自己了，她就径直赶往面试地点。

到达面试地点时，洁婷发现走道里居然有20多位妆容精致、穿着得体的丽人在等候面试。比起她们来，她觉得自己简直是只“丑小鸭”，从头到脚邋邋遢遢的，但她也没多想，一听到自己的名字就胸有成竹地走了进去。

见到面试官时，洁婷明显地感觉到他的眉头皱了一下，但很快就进入了正题。在接下来的半个多小时里，洁婷从容不迫地回答了对方提出的大部分问题。始终面带微笑的她，即使在遭遇难题时，也很镇定自若地告诉面试官：“不好意思，这个问题我不会回答，但相信下次见面时，我会给您一个满意的答复。”面试结束后，面试官笑着对她说：“我会对你的印象非常深刻，当然不仅是因为你不一般的面试着装。”

两天后，洁婷高兴地接到了录用通知，对方告诉她：“是你的自信打动了我们，与那些‘精装版’女子比起来，你有着更非凡的气质和感染人的魅力。”当然，对方也告诉她：“尽管如此，我们还是希望你以‘精装版’的姿态来上班。”

自信虽不是有魔法的笔，一写就能全对，但它是成功的秘诀。拥有了它，就像有了一把打开成功大门的钥匙，让我们在职场畅通无阻。自信是成功的前提，有了自信才有可能成功，虽然自信不是万能的，但是没有自信却是万万不能的。

大多职场成功人士，均具有自信心极强这种特质。俗话说得好：自信不是财富，但它会带给你财富。在职场更是如此，拥有并保持十分的自信，你就拥有发言权，就会得到晋升的机会，你就有可能承担新的、更具挑战性的工作，得到的成功机会也就更大。

有一位女歌手，第一次登台演出，内心十分紧张。

想到自己马上就要上场，面对台下上千名观众，她的手心都在冒汗：“要是在舞台上一紧张，忘了歌词怎么办？”越想，她的心跳得越快，甚至产生了打退堂鼓的念头。

就在这时，一位前辈笑着走过来，随手将一个纸卷塞到她的手里，轻声说道：“这里面写着你要唱的歌词，如果你在台上忘了词，就打开来看。”

她握着这张纸条，像握着一根救命的稻草，匆匆上了台。也许是因为那个纸卷握在手心，她的心里踏实了许多。她在台上发挥得相当好，完全没有失常。

她高兴地走下舞台，向那位前辈致谢。前辈却笑着说：“是你自己战胜了自己，找回了自信。其实，我给你的，是一张白纸，上面根本没有写什么歌词！”她展开手心里的纸卷，果然上面什么也没写。

她感到惊讶，自己凭着握住一张白纸，竟顺利地渡过了难关，获得了演出的成功。“你握住的这张白纸，并不是一张白纸，而是你的自信啊！”前辈如是说。

在以后的人生路上，她就是凭着握住自信，战胜了一个又一个困难，取得了一次又一次成功。

信心能创造奇迹，当我们遇到困难的时候，一定要树立信念，勇敢地战胜困难。生活中有很多这样的例子。伟大的发明家爱迪生，经过多次失败但却没有失掉信心，实验灯泡用了上千种材料，却仍不放弃，经过努力，凭着坚定的信心，最终他发明了电灯。他的成功不正是他自信的最好写照吗？只要你有信心，只要你肯努力，只要你坚持不懈，所有的问题都能克服，所有的困难都能战胜。

自信心是一种反映个体对自己是否有能力成功地完成某项活动的信任程度的心理特性，是一种积极、有效地表达自我价值、自我尊重、自我理解的意识特征和心理状态。那么，自信心有哪些心理功能呢？

1 自信心是心理健康的需要 → 人都有一种表现自我、获取认同的本能倾向。自信的人更容易被人认可，从而满足自己的心理需要。自信，更容易给人带来良好的人际交往氛围和人际交往效果

2 自信心使人谦虚 → 自信的人更能正确地对待自己的优点和缺点，从而可以更加全面地认识自己，谦虚待人，不断进步

3 自信心使人勇敢 → 自信的人总是能够以一种轻松自然的态度来面对生活中复杂的情景或挑战，表现出一种大智大勇的气度

4 自信心使人果断 → 自信的人勇于承担责任，不会因为事关重大而优柔寡断，不会想着逃避不好的结果而瞻前顾后，因而会保持一贯的果断作风

自信心的心理功能

一个人一旦失去自信心，就会失去前进的动力，而一旦有了充分的自信心，就可能产生强大的内驱力，燃起智慧的火花，最终走向成功。

苏格拉底曾经说过：“一个人是否有成就只有看他是否具有自尊心和自信心两个条件。”这就更加说明了自信心与成功的紧密联系。

作为职场新人，按下图所示的方法去做，相信你在职场中一定是个自信满满的人。

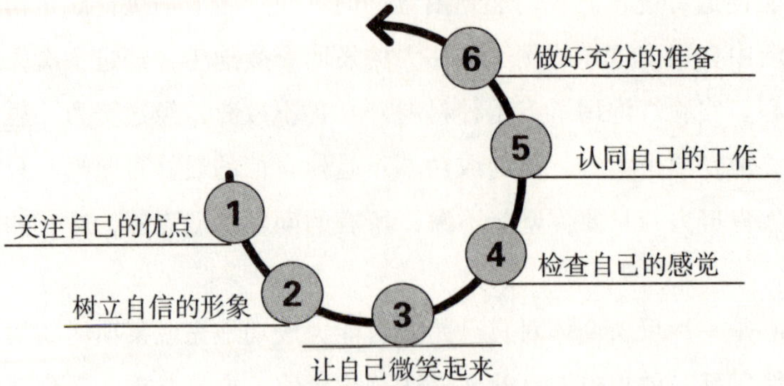

建立自信心的方法

方法01：关注自己的优点

在纸上列下十个优点，不论是哪方面（如细心、眼睛好看，等等），在从事各种活动时，想想这些优点，并告诉自己有什么优点。这样有助你提升从事这些活动的自信，这叫做“自信的蔓延效应”。这一效应对提升自信效果很好。

方法02：树立自信的形象

首先，保持整洁、得体的仪表有利于增强一个人的自信；其次，举止自信如行路目视前方等，刚开始你可能不习惯，但过一段时间后就会有发自内心的自信；另外，注意锻炼、保持健美的体形对增强自信也很有帮助。

方法03：让自己微笑起来

微笑会增加幸福感，进而增强自信。微笑是一个人自信的表现，在职场中的作用更不能让人小觑。在日常交谈中，如果你以微笑的态度出现在别人面前，至少能掩饰你内心的真实想法，包括你的恐惧感。

方法04：检查自己的感觉

搜索导致情绪低落的原因，然后用主动积极的方法去解决问题，比如可以就近询问旁人解决这类问题的方法，不要做一个被动的情绪受害者。

方法05：认同自己的工作

如果你觉得这份工作是世界上最棒的工作之一，挫折就会变得不那么重要了。享受工作的喜悦、客户的赞美、同事和上司的鼓励，把热爱这份工作的心理因素列出来。

方法06：做好充分的准备

从事某项活动前如果能做好充分的准备，那么，在从事这项活动时，你必然较为自信，有利于顺利完成此项活动并增强整体自信心。

能量驿站

如何传递自信获得更多成功

自信是每个人走向成功过程中的助力器，真正自信的人，离成功也就近了一半。

当代社会，各行各业的竞争越来越激烈，你优秀，但是还会有人比你更优秀。所以，要想在这个“战场”上坚持下来，不被打败，首先得要树立良好的自信，因为你会面临很多的质疑和否定，当所有人都不看好你的时候，请你自己一定要相信自己。

在职场中，真正的自信不只是对自己有信心，同时，还要将信心传递给他人，要用自己的自信感染他人。让所有的人都能感受到你的自信，同时也受你的自信所鼓舞。

在职场中，传递给对方积极向上的信息也是礼仪的一种，自信、落落大方是每一个“混迹”职场的人都须必备的。能将自己的自信传递给他人，不但能受到同事的欢迎、老板的赏识、客户的认同，同时也能使自己受益匪浅。

尊重也是一种激励，它可以让别人更加自信，更加敢于表达自己的观点。同时，赞美和鼓励都是滋养他人自信的灵丹妙药。在职场中的人际交往中，我们要学会激励、尊重他人的自信，因为每一个人都会渴望成功和肯定。

所以，我们要将自信传递给他人，不要忘记适时示弱，不要吝惜你的赞美和尊重。因为每一个人都渴望着阳光和温暖，所以，在职场中，我们不妨就将阳光和温暖传递给他人，让自信的笑容也绽放在他人脸上。

第三节　自信是潜能的放大镜

名人名言

人生自信二百年，会当激水三千里。

——毛泽东

一个人自身所具有的潜能和他在学习、工作、生活中表现出来的能力并不总是1∶1的关系。

许多人屡屡在学业和事业上遭遇挫折，他们总是习惯性地把挫折归结为自身潜质的不足。其实，即便在这些经常灰心丧气的人身上，也往往蕴藏着巨大的、远远超出常人想像的潜能——只不过，潜能的主人并没有意识到，或者意识到了，却不知该如何释放这些能量罢了。

相反，那些特别乐观、特别自信的人总能不断地从自己身上找到前进的动力，总能设法让自己身体里的潜能超水平地发挥和释放出来——也就是说，从他们自身的潜能，到他们在学习、工作和生活中表现出来的能力，这个映射中似乎隐藏了一种神奇的“放大”效应。

浩然是办公室里的魅力先生。

他非常注重自己的外表，任何时候都给别人干净、干练的感觉。而且，他谈吐得体、举止从容，无论见多么“大牌”的客户，他确信自己只要发挥良好，在客户眼中，自己就一定是一个精明有效率的咨询顾问。

然而，刚开始工作的一年，浩然并没有做到这一点，而这一切的改变是通过他的N次尝试才完成的。

刚参加工作的浩然显然不够自信，和客户谈话也总是很紧张。他想的第一个方法就是掩饰自己的不自信，于是他把所有要向顾客介绍的情况都印刷在宣传单上，约见客户的时候，就把宣传单递交给客户，而且后期的沟通也是通过电子邮件的形式和客户联系。

大半年过去了，效果非常不理想，很多客户根本就不愿意看宣传单，而是希望能够得到更加直接的口头讲解。甚至有的客户，接到浩然的宣传单后，立即流露出不耐烦的表情。

浩然因此受了很大的刺激，他下定决心对自己进行严格的训练，来提升自己在客户心中的形象。浩然找到了一种非常好的方法：他在家里模拟办公室演讲和讨论的场景，还非常用心地用DV录制下整个过程。表演结束后，浩然反复地回放、分析，找自己的失态处和不足处，然后加以改进。

终于，这个方法让浩然不断地激发自己的潜能。他用自信的表现赢得了客户，当客户认可他的战略咨询结果，并因为采纳了他的建议而使企业有了更好的发展时，他的自信指数更是急速飙升。

有自信心的人，能正确地认识自己，既不自卑，也不自负。在恰当地评价自己的知识、能力、品德、性格等内在因素的前提下，相信自己各方面都有可取之处，相信自己能弥补各方面存在的不足，相信能够看到自己各方面还有很大的潜力可挖和发挥。

达尔文小时候学习成绩不如他妹妹，老师和父亲都说他是一个“十分平庸的孩子”“甚至在一般智力水准之下”。可是他并不气馁，而是更加坚定地朝着他自己选定的目标前进，不辞劳苦地进行了为期5年的环球旅行考察，收集了大量的生物和地质方面的资料，后来经过20年的分析、综合和写作，终于写出了具有划时代意义的伟大著作——《物种起源》，打破了物种不变的陈旧观念。

这说明每个人都具有很大的潜能，只要自己相信自己，努力奋斗，将潜能充分挖掘出来，用言行增强自信，就很可能有所成就。

那么，作为职场新人，我们该如何挖掘自身的潜能，充分展现自己的自信呢？

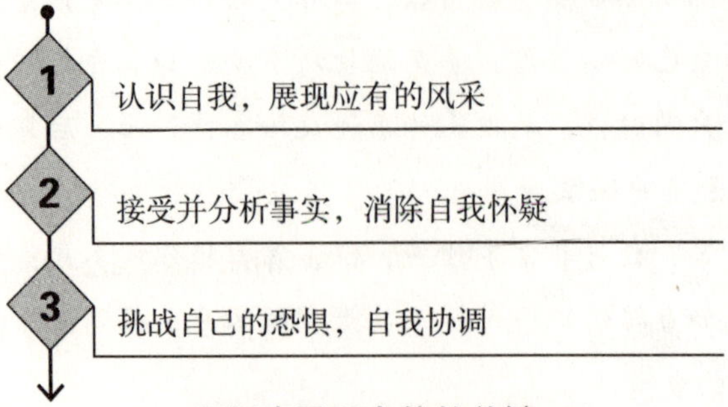

职场中展现自信的关键

关键01：认识自我，展现应有的风采

认识自我，是我们每个人自信的基础与依据。即使你处境不利，遇事不顺，但只要你赖以自信的巨大潜能和独特个性及优势依然存在，你就可以坚信：我能行，我能成功。

一个人在自己的生活经历中，在自己所处的社会境遇中，能否真正认识自我、肯定自我，如何塑造自我形象、如何把握自我发展、如何抉择积极或消极的自我意识，将在很大程度上影响或决定着一个人的前程与命运。换句话说，你可能渺小而平庸，也可能强大而杰出，这在很大程度上取决于你的自我意识究竟如何、取决于你是否能够拥有真正的自信。请记住，认识自我，你就是一座金矿，拥有自信、自主、自爱，你就一定能够在自己的人生中展现出应有的风采。因此认识自我这一过程的实现与完成，同时也是悦纳自我、培养自信心、发掘潜能，最终达到自我实现的过程。

关键02：接受并分析事实，消除自我怀疑

一个人缺乏自信心的时候，常常是把注意力放在了自己身上。一旦注意力放在了自己身上，很容易想着每一个细节，很容易怕出问题。此时此刻，越是怕出问题，越是出问题。一出问题，你就会像泄了气的皮球一样。

就好比中国足球，总想着赢球，总想着一旦踢不好如何对不起观众、对不起国家。谁都在想，就是不想眼前的球怎么踢，到头来，脚也不听使唤，不仅踢不进球，反而还输球。请记住，自信的人往往将注意力放在自身以外，不自信的人才总是想着自己。

我们有了职场压力或者失落感，就要承认自己在受这方面问题的困扰，不要去逃避，这是缓解该问题所造成的负面情绪的一个方法，即去接受它，并分析它产生的根源，然后告诉自己，自己有应对它所需要的资源。

关键03：挑战自己的恐惧，自我协调

对大多数人来说，恐惧是一个很难战胜的敌人，正因为如此，你才应该主动去挑战它。威廉·詹宁斯·布莱恩曾经说过：建立自信的方式就是做自己恐惧的事情。挫折总是在所难免的，只有忍受它们，并学会自我调节，通过直面自己的选择而提高自信，给自己面对的每个任务都加上点挑战，你的自信心也会不断增长。

有一种人喜欢在众人面前不顾一切地发泄不良情绪，甚至喜欢贬低周围的人。这当中有的人本来就很自卑，加上受这一番奚落，仅有的那么一丁点自信就会荡然无存。这些人只是压榨你自信心的一种“虫子”，你唯一的选择不是去憎恨，也不是去自卑，而是选择远离他们，少跟这种人交往。

很多人对别人总是很宽容，对自己却要求很严苛，其实不用对自己过去的失败或者过错耿耿于怀，正确的做法应该是去承认它、宽恕自己，下一次去做好它。找出你身上那些美好的东西，然后对其逐一进行感谢。感谢它会增强你的自信心，会帮助你发展良好的形象。

能量驿站

如何从里到外培养职场自信心

在职场中，拥有并保持十分的自信，你就会拥有发言权、就会得到升迁的机会、就会拥有自己的办公室、就会承担更具挑战性的工作，你得到

的成功机会也就更大。那么，如何培养职场自信心呢？下面是与你一起分享有关培养自信心的建议。

1. 勇敢：现在就开口

说话准确、流畅、生动，是衡量职业人士思维能力和表达能力的基本标准，也是考核他是否具备职业竞争能力的重要标志。

更重要的是，语言能力是提高自信心的强心剂。一个人如果能把自己的想法或愿望清晰、明白地表达出来，那么他一定具有明确的目标和坚定的信心，同时他充满信心的话语也会感染对方，吸引对方的注意力，直到让人们相信，他的自信心对他人有着巨大的帮助。

所以，现在就开口吧，无论对方是一个人还是几个或一群人，试着把自己的心里话说出来，别在意对方的反应甚至是嘲笑，只管自己说得是否清楚、干脆，是否把要说的话都说出来了。只要坚持不懈，一定会有收获、一定会感到自己的心里渐渐地充满自信的力量，说话的技巧也会大有长进。就从现在做起，否则你的自卑情结永远也打消不掉，那你就永远别想开口了。

2. 仪表：昂首挺胸走路

不但你的声音要充满自信，你的形体姿态也应充满自信，一个腰板笔直、衣着得体、生机勃勃的人和一个耷着肩膀、衣着邋遢、不苟言笑的人相比，哪个更受人尊重和欢迎呢？答案是不言自明的。形体的自信会强化自己的语言自信，也能帮助自己建立良好的自我感觉，让自己更加满怀信心。

形体的自信是一种整体性效应，除了行为举止还包括面部神情、站立的姿势，目光的运用，等等。神情专注、面带微笑会让人觉得你是一个值得信赖的人，而神情茫然、愁眉苦脸只会让人退避三舍；与别人说话时挺胸直立，会显示出人格的尊严，也是尊重对方的表示，而靠着墙或桌子，颓然地面对别人，不光自己显得无精打采，对方也觉得索然寡味。谈话时适当地注视对方，或转移一下视线，如果直楞楞地盯着对方，那是无理的行为，而如果一眼都不看对方，那表示你一点自信都没有，说的话没有一点作用。

因此，消极的不正确的形体姿态会妨碍正常有效的人际交往，也不利于自身的信心表达，只有充满自信的形体和语言，才会引人注意，受人尊重，进而达到成功的人际互动。

第四节　自信过头是自负

名人名言

自信与骄傲有异：自信者常沉着，而骄傲者常浮扬。

——梁启超

职场中，总有那么一些人十分的自信，因为他们有着足够的实力，但还有那么一些人他们只是虚有其表，他们的自信其实更多的是“自恋”，这些人无论是谁都不会喜欢的。那么，我们在职场上该如何恰到好处地展示自信呢?

在一个越来越重视合作和人际关系的社会里，自信变得越来越重要，只有在工作中自信地说出自己的创意，自信地对待客户，才能给客户以信心。但是有的人过于自信，就会让人讨厌，觉得他就是一个自大狂。

市场部文峰高大英俊，应聘时凭着一副好口才，赢得了主考官们的一致赏识。由于面试就得到考官们的赞赏，所以他对自己的口才更加自信。

由于文峰的超强自信，还在试用期间他就在公司出名了。

但没多久，问题就来了。文峰每次接触过的客户都不会和他签订单，几个月下来他的业绩都不是很好。原来，每次他和客户谈的时候都要展示一下自己的口才，要不就是把自己的方案说得完美无缺，完全不听客户的意见，而且还一直要“纠正”客户的意见。

结果是，很多客户都向公司反应文峰太喜欢说了，完全不能听他们的意见，甚至有的客户表示不喜欢文峰。

最后，公司不得不解雇这个太过自信的文峰。

文峰的工作是和人打交道，自信不是一件坏事，但太以自我为中心，没有取长补短的意识，很容易在职场中吃亏。所以，我们在职场中很多时候不要过于强调自己的信心，还要听听别人的意见，只有会倾听，才能获得更多人的信任和喜爱。

在职场中，往往容易出现两种极端：一种人非常自信，甚至有些自负；还有另一种人很自卑，认为自己什么都做不好。这两种人都不会在职场中获得成功，前一种人太自负，会让人讨厌，而后一种人则不敢尝试，害怕失败。一个人需要自信，但是这种自信又不能破坏人际关系，让人感到讨厌。

任何事情都需要一个度，太过或者没有达到都不会获得成功。自信也是一样，只有把握好尺度，在职场中你才是一个自信而又不自负的人，才能得到大家的尊重和认同。那么应该怎样把握这个度呢？

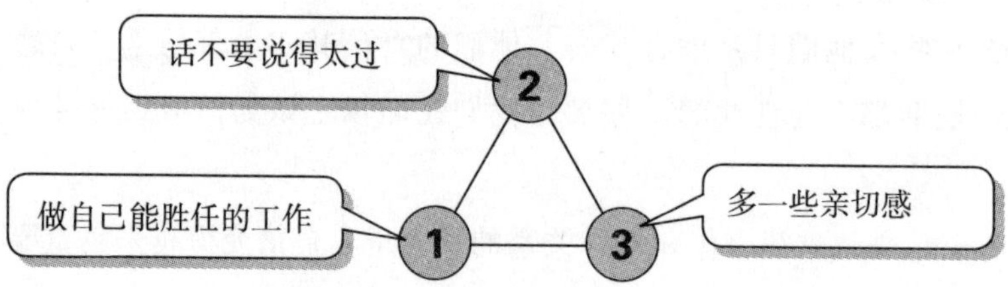

把握自信的尺度

尺度01：做自己能胜任的工作

很多时候，盲目的自信会让你看不清楚自己的实力，导致做一些自己不能胜任的工作。一个自信的人首先是一个了解自己的人，这样的人不会因为自负而给别人带来麻烦。

尺度02：话不要说得太过

有些自信的人总是看不起别人，总认为别人就是不如自己，甚至有时候说话傲慢、无礼，惹来别人的厌恶。所以展示你的自信时也要有礼貌，也需要照顾别人的感受。

尺度03：多一些亲切感

自信不是要你总是高高在上，而是要你不畏惧任何事。当你对别人多一些亲切和真诚的时候，别人就不会再厌恶你。甚至你在某些地方有一些自负时，他们也不会讨厌你。

自信不是财富，但它会带给你财富。拥有并保持自信，你就拥有发言权，就会得到升迁的机会，得到成功的机会也就更大。但是你也要懂得把握一个度，自信过头就是自负了，要让自信真正成为你的优势。

能量驿站

自信和自负的区别

人人都要有自信，但没人喜欢自负的人。尽管自信和自负有时很难区分，但下面五个标准非常实用。

1．对他人的评价

自负的人总带着莫名其妙的优越感，评价别人很负面，其实是为了掩饰内心的自卑。自信的人总能看到别人的潜力。

2．对他人的态度

自负的人认为自己比任何人都优秀，因此很难做到认真倾听他人，而且一不顺心就会开口责怪别人。自信的人认为自己跟别人一样优秀，很少说教。

3．对自己的看法

自负的人活在自我崇拜的虚幻快感中，无视自己的缺点。自信的人总能看出自己的弱点在哪里，并知道如何改进。

4．对不同观点的态度

自负的人总想自己说了算，喜欢强迫别人接受自己的观点。自信的人从不把自己的观点强加于人，更厉害的是，他们总能让人自愿追随。

5．眼神交流

自负的人很少与人发生眼神交流，与人交谈时也不愿看着对方。自信的人认为每个人对自己都很重要，同时非常有教养，所以愿意注视着对方。

第二章

2

感恩，启动正能量

能量导读

感恩是一种处世哲学，也是生活中的大智慧。感恩是睿智的心态，懂得感恩的人才能品尝到生活的真正滋味。感恩工作，才能享受到工作的乐趣；感谢老板，才能历练自己，获得职业的提升；感谢同事，才能知道什么是同舟共济，才能获得长久的发展。

第一节　感恩企业，提供工作的机会

名人名言

生活需要一颗感恩的心来创造，一颗感恩的心需要生活来滋养。

——王符

在如今的职场中，越来越多的员工幸福指数不断下降，抱怨和不满日益增加，工作做得越来越差，人际关系越来越糟糕……为什么？除了他们自身对企业的诸多不满之外，还有一个重要的原因就是他们缺乏一颗感恩的心。

企业给了我们什么？企业给了我们工作的机会、给了我们稳定的生活、给了我们和谐的氛围、给了我们每天进步的平台，我们应该感恩企业。而感恩企业，就要关爱企业、忠诚企业、奉献企业。

当你把身心全部融入公司，当敬业成为一种习惯时，个人的职业生涯就会变得更加饱满，事业就会变得更有成就感，这时工作不再只是为了谋取薪水，也不仅仅是一种职业，更重要的是变成了一种享受，帮助我们实现生命的价值。所以，一个懂得感恩的人，才能成就他生命和事业的高度。

任何企业，都需要懂得感恩的员工，没有感恩之心的员工其发展空间是有限的。

有一位从国内知名院校企业管理专业毕业的女孩，在一家大型私企工作了两年，老总看她工作能力一流、相貌漂亮出众、谈吐举止优雅有度，便非常器重她。

出于公司管理工作的需要，老总不惜花巨资送女孩到加拿大去深造。在国外的三年间，除了大笔的学费外，生活开支也由公司支付。好在女孩经常与单位联系，汇报她的学习成果，老板也就非常满意，期待她这个人才有朝一日能为公司做出更大的贡献。

三年后，女孩回国了。可复职的第一个月，她便提出了加薪的要求。老板觉得她在国外三年，花了不少钱，还没有真正回报公司就要求加薪不合情理，便未答应她的要求。

后来，在管理工作中，女孩与老总在意见上发生了分歧，老总凭借对自己企业的了解和以往的管理经验，坚持自己的一套，而女孩却坚持采用从国外学来的管理经验。两人各不相让，以致发生了争吵。争吵的结果是，女孩不辞而别。念及昔日的上下级关系，老总也没有起诉女孩。

再后来，女孩进了同行业的另一家私企。凑巧的是，这家私企的老板和她昔日的老总是同窗好友。在一次项目合作中，女孩与昔日老总再次相遇，场面非常尴尬。

工作之余，女孩的前任老总向她的现任老板讲述了她在前公司就职、出国深造、不辞而别的全过程。女孩的现任老总知道她的情况后，便选了个合适的日子把她叫进了办公室，对她说："我们公司的确需要有能力的人才，但更需要懂得感恩的人才，你的情况我已经知道了，你明天就不要来上班了，好好反思一下吧！"

不懂感恩的人，无论走到哪里都不会受到器重，即使一时受到器重，将来有一天也会失去这种器重。一个不会感恩的人是难以在职场上成就一番伟业的。

俗话说："滴水之恩，当涌泉相报"。一名员工，从参加工作的第一天起，就要萌生感恩的意识。单位为我们提供了工作、学习、生存的环境，我们就要学会感恩、学会奉献自己，全力以赴地工作，而不是遇到一点麻烦或不顺心的事就满腹牢骚，敷衍工作，甚至毫不负责地走人。

有一位名叫比尔的年轻人在美国洛杉矶一家知名的广告公司工作。比尔的工作很普通，就是做销售，与客户打交道。在比尔刚进入公司时，公司运营良好，他工作起来得心应手，他的工作能力也得到了很多客户的认可。

后来，公司承担了一个大项目：在城市的各条街道做广告。全体员工对此惊喜万分，都全身心地投入到了工作中，因为这个项目将给公司和员工带来可观的经济利益和发展前景。

公司总裁迈克·约翰逊是个精明的商人，他为人亲和，赢得了很多员工的尊重，包括比尔。但让人意想不到的是，由于估计不足，在这个项目的进行过程中，公司因资金缺乏使项目无法继续进行，企业陷入了困境。

在这个艰难的时刻，员工人心涣散，纷纷离去，但比尔没有放弃。一周后，公司人员所剩无几。这时有一家公司以高薪聘请比尔，比尔对他们说："公司在运行良好的时候给了我很多发展的机会，现在公司有困难，我应该抱着感恩的心与公司共渡难关。让我在这个时候甩手离去，我做不到。只要总裁没有宣布倒闭，总裁留在这里，我就不会离开，哪怕只剩下我一个人，我也会坚持到底。"

由于街道广告属于城市规划的重点项目，在政府的催促下，公司唯有将这来之不易的项目转移给了另一家大企业。但是在签订合同的时候，约翰逊总裁提出了一个条件，那就是让比尔在该企业里担任项目开发部经理，否则就不与之合作。约翰逊总裁握着比尔的手向那家企业总裁推荐："比尔是一个难得的人才，更是一个值得信赖的人，只要他上了你的船，就一定会和你以及你的企业风雨同舟。"

比尔在那家公司工作了十几年，在他的努力下，企业也得到了飞速的发展，现在他已经成了那家企业的重要领导之一。

一份感恩之心能改变一个人的人生。正像比尔那样，企业曾给了他发展的助力，当公司需要他的时候，他能怀着感恩的心为公司略尽绵薄之力，这正是他后来能够有新的发展的契机。

程序员凯文在一家软件公司干了八年，正当他干得得心应手时，公司倒闭了。这时恰逢他的第三个儿子刚刚降生，他必须马上找到新工作。

有一家软件公司招聘程序员，待遇很不错，凯文信心十足地去应聘了。凭着过硬的专业知识，他轻松地过了笔试关。两天后就要参加面试，他对此充满了信心。

可是面试时，考官提的问题是关于软件未来发展方向的，他从来没考虑过这方面的问题，于是被淘汰了。

不过这家公司对软件产业的理解让他耳目一新。他给公司写了一封感谢信："贵公司花费人力、物力，为我提供笔试、面试的机会，我虽然落败了，但长了很多见识。感谢你们的劳动，谢谢！"这封信经过层层传阅，后来被送到总裁手中。

三个月后，凯文意外地收到了该公司的录用通知书。原来，这家公司看到了他知道感恩的品德，在有职位空缺的时候自然就想到了他。这家公司就是美国微软公司。十几年后，凯文凭着出色的业绩成了微软的副总裁。

在企业中，知道感恩的人会更受到欢迎。许多知名企业在招聘员工时，看重的不仅仅是他们的专业知识，更是他们处理问题的方式和融入企业的速度，换句话说，就是能否怀着一颗感恩之心去踏实做人、做事。

对职场人来说，应该抱着什么样的心态，从而学会感恩呢？

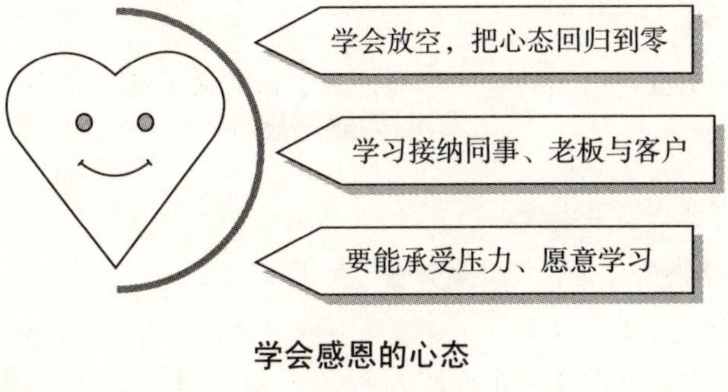

学会感恩的心态

心态01：学会放空，把心态回归到零

把自己放空，抱着学习的态度，将每一次都视为是一个新的开始，都是

一次新的经验，不要计较一时的待遇得失。一旦做好心理建设，拥有健康的心态之后，不论做任何事都能心甘情愿、全力以赴，当机会来临时才能及时把握住。

心态02：学习接纳同事、老板与客户

如何与共事的伙伴相处，是一门大学问。相信自己、相信别人，随时调整角色，勇于领导他人，也愿意被他人所领导，这是非常重要的。

公司里的同事、老板或客户，都来自不同的家庭文化背景，各有不同的特质与专长，有缘相聚，如何彼此纳长补短、化阻力为助力，是很重要的学习过程。一开始接触和你不一样特质的人时，一定要敞开心胸，先接纳了解，彼此包容沟通，这样才能创造愉快而积极进取的工作气氛。

心态03：要能承受压力、愿意学习

换句话说，也就是要具有“斗魂”。“斗魂”指的是愿意打拼、奋斗不懈的精神。特别是还没有一技之长的职场人，拥有的最大资产就是“斗魂”。企业在求生存的时刻，也需要能同舟共济一起奋斗的伙伴。能承受压力，不断学习成长的人，才能在非常时刻发挥临门一脚的功用。总而言之，不论是职场菜鸟，或是老鸟，只有愿意学习成长、愿意打拼的人，才有未来的生涯。

能量驿站

职场需要感恩

职场中我们要学会感恩。

1. 要感谢给你提供“表演舞台”的人

人生中观众永远是多数，演员是少数，舞台更有限。千里马常有，伯乐不常有。在职场中能力和你差不多的人可能一辈子都没有施展能力的机会。领导能给你施展能力的空间，让你优先展示才能，就意味着你升职的机会比别人多。有什么比升职更有吸引力呢？

2. 要感谢愿意成为你榜样的人

这种人做的比说的多，言行一致，有能力、谦逊，愿意指出你的不足，他会毫无保留地把自己做人做事的风格和技巧教给你。心甘情愿地教导你、提拔你，让你事半功倍地成长。

3. 要感谢严格要求你的人

树不砍枝不长，玉不琢不成器。人生来是有恶习的，必须有人时刻规范你的行为，让你改掉坏习惯，养成好习惯。要认识到“打是亲，骂是爱，不打不骂臭白菜”。领导严格要求你，是信任你，愿意培养你。

4. 要感谢能包容你缺点，能欣赏你长处的人

金无足赤，人无完人。是人都有缺点，而你的上司能包容你的缺点，还愿意发现你的长处、欣赏你的长处、接纳你的长处，遇到这样的领导一定要感恩。

5. 要感谢能为你承担责任的人

职场中犯错误是难免的。有的领导犯的错误让部下承担责任，有的部下犯了错误领导主动承担责任。遇到后者要忠诚跟随。

6. 要感谢你职场上的竞争对手

有人的地方就是江湖，有江湖的地方就有斗争。毛主席说，与天斗，其乐无穷。与地斗，其乐无穷；与人斗，其乐无穷。人的能力是在斗争的过程中提升的。一个没有对手的剑客是不可能成为高手的。康熙就是因为有朱三太子、葛尔丹、鳌拜的存在，在斗智斗勇中成长的。

职场上我们需要感恩，感恩可以让反对你的人理解你、理解你的人支持你、支持你的人忠诚你、忠诚你的人捍卫你。只有会感恩的人才能走得更高、更远。

第二节　感恩工作，提供发展的平台

名人名言

没有感恩就没有真正的美德。

——卢梭

在职场中，我们经常可以听到一些心怀不满或积怨许久的员工不停地抱怨，“真不幸，这个月老板又扣了我的奖金，真不够意思”“工作太辛苦了，就给我那么一点薪水，还想让我卖命工作，怎么可能”“天下老板一般黑，老板没有一个有人情味的”“今天又挨批了，真想辞职不干了”“我一点儿都不喜欢目前的工作，更不喜欢现在的老板”……

其实，诸如此类的抱怨，只是职场中经常发生的一些小事情。对于这些鸡毛蒜皮之事，常怀感恩之心的员工会一笑置之，因为他们知道：有些事情是不可避免的，有些事情是无力改变的，有些事情是无法预测的。能补救的需要尽力去补救，无法改变的只能坦然受之，最重要的是，学会感恩，时刻怀有一颗感恩的心，做好目前应该做的事情。

陶江是北部新区一家网络企业的编辑，工作5年来，他每天上班都处于高速运转的状态。尤其是工作前几年，工作任务重、工资少、难度大，但面对再大的工作压力，他也不会推三阻四或者像其他人一样抱怨。

工作空余时间，陶江都会拿出一些技术类的书籍自己钻研，有同事说：“这不是你的本职工作，做那么多干嘛？”但陶江觉得，掌握这些知识能更好地开展本职工作，还能为部门为团队服务，做的事情对个人和集体都有帮助，何乐而不为？

陶江把所有困难都看成是挑战，会想尽办法去克服，这其实也是提升自我的过程，企业能给他这些机会是难得的，他也相信做好工作总会有好的回报。

正因为有这样的心态，陶江成了单位不可或缺的核心骨干，不久后破格升为主管。陶江认为，既然自己选择了这份工作，就要做好这份工作，就应该迎着困难上。

每个人都有自己的梦想，我们决不应该单纯地为工作而工作。要清楚自己是在为自己的理想而努力着。工作固然是为了生活，但比生活更可贵的就是在工作中充分挖掘自己的潜能，发挥自己的才干。如果我们将工作视为一种积极向上的学习，那么每一份工作中都包含着个人成长的机会。

明轩刚从日本念研究生回来，就入一家银行工作，担任办事员；同期的同事中，有他的大学同学，可是职级却比他高一级，编制上是他的主管，只因同学是在美国念的研究生。同样都是研究生毕业，却因为国家有别，待遇就不同。他并没有因为待遇不如人就心生不满，仍是认真做事。交到他手中的事情，一定尽心尽力做到最好。此外，他也会积极主动地找事做，了解主管有什么需要协助的地方，事先帮主管做好准备。

这样的工作态度，被他的上司注意到了。后来上司调去交通银行工作时，带去的随从人员中，他是唯一的办事员。这是很罕见的现象，因为通常都是一些主管跟随过去。

原来，当年回国后，第一次上班报到的前夕，明轩的父亲告诫他三句话："遇到一位好老板，要忠心为他工作；假设第一份工作就有很好的薪水，那你的运气很好，要感恩惜福；万一薪水不理想，就要懂得跟在老板身边学功夫。"

明轩将这三句话深深地记在心里，并始终秉持这个原则做事。

每一份工作或每一个工作环境都无法尽善尽美，但每一份工作中都有许多宝贵的经验和资源，如失败的沮丧、自我成长的喜悦、温馨的工作伙伴、值得感谢的客户，等等，这些都是工作成功必须经历的和必须具备的财富。如果你能每天怀着感恩的心情去工作，在工作中始终牢记"拥有一份工作，就要懂得感恩"的道理，你一定会收获很多。

身处喧嚣而浮躁，紧张而又繁忙的时代，如果能换一种感恩的心对待工作，就会把工作看作是上天赐予我们的恩典。因为工作，提供了我们稳定的薪水；因为工作，解决了衣、食、住、行等生存所需；因为工作，实现了经济上的保障；同时，拥有一份稳定的工作，让我们漂泊的心，可以有一弯避风之港安定下来，有了归宿。

如果我们对自己的工作心存感恩，就会多谈工作的意义和快乐，就一定会懂得加倍珍惜自己的工作机会和权力，意识到在竞争日趋激烈的今天，工作机会来之不易，即使薪水微薄，你也可以充分利用工作的机会提高自己的技能。

用感恩的心去工作，你不会产生抱怨；用感恩的心去工作，你不会感到乏味；用感恩的心去工作，你不会在困难面前退缩；用感恩的心去工作，你会觉得工作是为自己；用感恩的心去工作，你在受到批评时就不会感到委屈；用感恩的心去工作，你才能真正做到严于律己、宽以待人。

职场中，用感恩的心去工作，有什么好处呢？

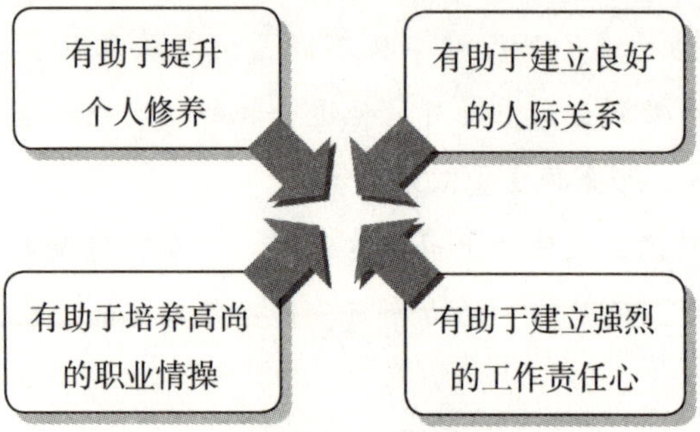

怀抱感恩之心工作的好处

好处01：有助于提升个人修养

不少人认为工作就是为了赚钱，是为了提高自己的生活质量。诚然，取得报酬是我们付出劳动的目的之一，但是为我们提供就业岗位的企业，其价值远远不只体现在我们拿薪水的那几分钟里。企业先进的管理理念和深厚的文化内涵，这本身就是一种宝贵的无形资产，它可以让每一位身处其中的员工时刻接受这种理念和文化的熏陶，在潜移默化中提高职业水平与个人修养。另外，企业赋予我们的工作也并不仅仅只是一次就业机会，它同时给我们的职业生涯提供了一个广阔的发展平台，也给我们个人的才华施展提供了一个自由发挥的空间。因此，带着感恩的心工作，从一定意义上讲，就是回馈企业，实现企业与个人共同成长的一种有效途径。

好处02：有助于建立良好的人际关系

良好的人际关系会让工作事半功倍，如何处理好复杂的人际关系是职场新人必须要面对的一门课题。不少书中都总结了很多诸如黄金法则、白金法则之类的经验之谈，其核心思想不外乎换位思考和包容心等，除此之外，还有感恩。以感恩的心对待身边的每一个人，感谢同事们的每一次帮助，感谢领导们的每一次鼓励，感谢客户的每一次支持，长此以往，你的人际关系将会越来越和谐，团队协作将会越来越默契，企业的发展也将会越来越迅速。

好处03：有助于建立强烈的工作责任心

任何一份工作都是为社会发展服务的，都在社会进步的过程中肩负着一定的社会责任。因此无论从事什么工作，责任心都是必不可少的。责任心的强弱通常取决于从事这份工作的人对该工作的重视程度，若能以一种感恩的心态对待工作，将工作视为回馈企业、回报社会和提升自我的一种方式，那么工作带来的一时委屈或者不快就会淡如轻烟，所有的借口和抱怨都将不复存在，对待工作的热情将会一直保持到工作完成，责任心就会随着工作的深入而一天天地加强。强烈的责任心一旦树立起来了，对待工作的态度自然就端正了，工作效率也会随之而提高，那么工作就会变得越来越轻松，上班不再是一种被动的负担，而是生活里的一段愉悦宜人的主旋律。

好处04：有助于培养高尚的职业情操

努力奋斗，可以让普通的人变得优秀；学会感恩，则能让优秀的人变得卓越。带着感恩的心工作，每一位企业员工以诚相待，可以帮助我们在提高业务水平的同时加深自我修养，塑造自身的人格魅力。感恩是中华民族的传统美德，带着感恩的心工作，正是这一传统美德在实际工作中的体现。

带着感恩的心工作，工作不再只是例行公事，不再仅仅是为了完成任务。当工作成为一种享受生活的方式的时候，你就会发现，在充满感恩的氛围中，工作给我们带来的乐趣是无穷的，这会让我们沉浸其中，并乐此不疲。

在职场生活中，感恩既是一种良好的心态，又是一种奉献精神。当你以一种感恩图报的心情对待工作时，你会工作得更愉快，工作也会更出色。当公司遇到危机，能够抱着感恩之心与公司同进退的人，不仅会得到领导的格外重视，更能实现自己的人生价值。

一个有感恩之心的员工，会执着而无私，博爱而善良，敬业而忠诚，负有责任心和使命感。一个有感恩之心的员工，会把对企业的感激之情转化为实际的行动，刻苦踏实，勤恳努力，无私奉献。一个有感恩之心的员工，懂得关心他人，回报社会，与企业同舟共济。学会了感恩，我们就会变得宽容，不再抱怨，不再计较。

学会感恩，我们便能以一种更积极的心态去回馈那些曾经给予我们帮助和恩惠的人。学会感恩，我们会怀抱一颗感恩之心，去帮助那些需要帮助的人。不要觉得自己得到的一切都是理所当然的，也不要因为没得到什么而暗自伤神，自怨自艾。带着一种从容、坦然、喜悦的感恩心情去工作，你会获得更大的成功。

能量驿站

会感恩的人机会多

主持人乐嘉在一次访谈中讲了一个小故事。某单位领导非常看重一个下属并准备提升他。于是，安排了许多艰巨的任务让他做。每次完成后却很少表扬，接着给他另一个更难的任务。这位员工很不解，私下抱怨付出与回报不对等。几次之后他辞职离开。离开时他才知道，领导正是用自己的方式在考验他，如果这时候这位员工不是抱怨而是当成挑战，最后可能是另一种结局。

这样的道理，不少单位的高管都很认同。其实，员工在工作中发发牢骚很正常，但如果只知道一味抱怨，该做的工作都做不好，把企业给他的一切看成是理所当然自己应得的，企业也不会给这样的员工发展机会。

相反，懂得感恩的人将获得更多机遇。会感恩的人一定很努力，勤勤恳恳，珍惜企业给他的每一个机会，认真地对待每一次的挑战。也许你短时间内是受了委屈，但领导可能都看在眼里记在心上。

所谓职场感恩，并不是要对领导唯唯诺诺，而是在平凡的岗位上把平凡的事情做出惊喜，通过自己的努力把工作做到极致，为给你提供发展机遇与薪酬的企业创造更大的价值。爱抱怨的人和会感恩的人其实就是负能量和正能量，相信企业都需要拥有正能量的员工。

第三节　感恩老板，对你的培养和赏识

名人名言

感恩即是灵魂上的健康。

——尼采

一个人的成长，要感谢父母的养育之恩、师长的教诲之恩、朋友的相助之恩、祖国的培养之恩等。感恩是一种美德，是一个人之所以为人的基本条件。然而，有谁想过，在我们的职业生涯中，老板是我们第一个应该感谢的人呢？

是老板给了我们工作和职位，是老板给了我们展现才华的机会，感谢老板的知遇之恩，感谢老板的支持和帮助，感谢老板的信任和鼓励，感谢老板给予的教诲和经验，甚至批评，让我们得以快速成长，成为对社会、对家庭都有用的人。

可能在许多人眼里，老板就是资本家，不择手段地压榨员工的血汗；老板就是见利忘义的人，唯利是图，从不顾及员工利益；老板和员工天生就是一对冤家。其实，老板和员工只不过是两种不同的社会角色，只是社会分工不同而已，这两种角色实际上是互惠共生的关系。

对于老板而言，公司的生存和发展需要员工的敬业和感恩；对于员工来说，他们需要的是丰厚的物质报酬和精神上的成就感。从互惠共生的角度来看，两者是和谐统一的——公司需要感恩、忠诚、有能力的员工，业务才能进行；员工必须依赖公司的业务平台，才能发挥自己的聪明才智。

为了自己的利益，每个老板只保留那些最佳的职员——那些能够感恩公司、尽职尽责完成工作的人。同样，为了自己的利益，每个员工都应该意识到自己与公司的利益是一致的，并且应全力以赴地工作，只有这样，才能获得老板的信任，才能在自己独立创业时，保持敬业的习惯。

在IBM的最初岁月里，吴士宏做的是最基层办事员的工作。具体内容就是行政勤务，俗称“打杂的”。面对这些烦琐、单调的工作，她总是尽力把它们做得最好。“一个月跑下来，腿都肿了”，这就是她为做得最好付出的代价。

但只有做得最好，上司才会注意到她，才会大力培养她，才会把IBM中国公司华南地区的全部销售工作这一重任交给她。她说她之所以被“重用”，完全是因为自己表现出来的实际能力、直接上司的推荐和公司不拘一格重用人才的好制度。在IBM，“好”经理的一条共同标准就是发现和培养下属，重用有发展前途的员工，推荐他们到更能发挥他们作用的合适岗位上去。吴士宏说：“我从每个经理身上都学到很多的东西，同时又把这套培养的方法像接力似的一茬一茬地传下去，IBM就是这样成长为蓝色巨人的。如果没有我的经理发现我、培养我，甚至包括个别的上司嫉妒我（这从另外一个方面鞭策了我一定要做得更好），我的提高和提升是不可能如此快的。”

从一个名不见经传的医院小护士成长为跨国企业的著名职业经理人，吴士宏成长的经历告诉我们，老板的慧眼识珠、大胆重用，可以使人感恩一辈子。

所以，员工与老板绝不是天生的冤家，而应是互惠互利、创造双赢的合作伙伴。一般来说，那些时刻同老板立场一致，并帮助老板取得成功的人，才能成为企业的中坚力量，才会成为令人羡慕的成功人士。

我们需要用对待普通人的态度来对待老板。许多人对自己的老板总是不理解，认为他们不近人情、苛刻，甚至认为他们可能会阻碍有抱负的人成功。但如果我们设身处地地为老板着想，怀着一颗感恩的心去工作，或许能重新赢得老板的欣赏和器重。退一步来说，如果我们能养成这样思考问题的习惯，最起码我们能够做到内心宽慰。感恩是会传染的，老板也会以具体的方式来表达他对我们的感恩。

职场中，该怎样感恩自己的老板呢？

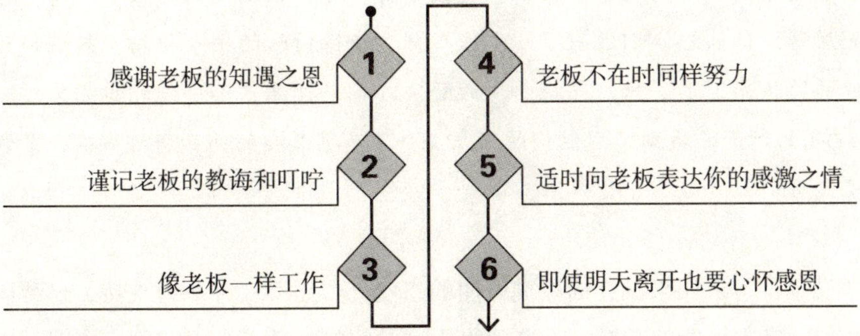

感恩老板的做法

做法01：感谢老板的知遇之恩

如果我们能够在职业生涯的路途上刚刚迈出脚步的时候，遇到一位知己的老板，真是一件十分幸运的事情。老板的赏识和受益. 会使我们受益终身。同样，面对老板的知遇之恩我们更应感恩终身。

何云鹏是一位海归，也是海信数字芯片研发团队的成员之一。当年，他在互联网上给海信公司发去一份自己的应聘材料。没想到，海信公司很快便回了信，更让他惊诧的是，几天后，海信公司考核的人便来到他的老家——四川成都，要求面试他，不费什么周折就录用了他，并且告诉他，海信的发展过程中急需像你这样的人才。一句信任的话，让何云鹏热血沸腾，一座已经初步搭好的平台让何云鹏感到可以在海信这个舞台上大显身手。

于是，何云鹏来到了海信集团，来到了设在上海的海信研发大本营，担当起海信数字芯片的研发重任。多少个不眠之夜，多少次面红耳赤的争吵，不知被蚊子叮了多少个大包，不知喝掉了多少瓶冰镇饮料。在他心里，记得最牢的是在项目组最困难的时候，他和团队的许多人想到了散伙，想到了大不了再到国外去工作。公司里也有一些人在指指点点，因为项目组存在的价值就是做“信芯”，如果“信芯”开发不出来，一切都得重归于零。

就在关键时刻，海信总裁周厚健站了出来。他说：“作为我来讲，从来没有因为存在问题而失去信心。我们做的是填补空白的事，那个时候我们都敢下决心投入做这个东西，过程中出现一些问题，哪能轻易放弃呢？”老总的一席话，温暖了团队成员的心，他们感受到了公司管理层高度的信任和支持；老总的一席话，仿佛给他们注射了一支强心剂，使得团队的士气倍增。接着何云鹏和他的团队立下军令状，寻找更多的解决方案，建立更加详细的讨论文档。仅用了3周的时间，找到了用他们的话来说并不是很复杂的问题解决方案，最终获得了成功。

设想一下，如果没有周厚健鲜明的态度，力压群议并鼎力支持，这帮研发团队的年轻人可能就会在一片非议声中，像霜打的茄子一样，彻底萎靡下去，成功也许永远和他们无缘。

老板的重用当然能使我们的成长如虎添翼，许多成功人士的经历证明，有了才能才可能使你有机会受雇，而有了才能之后才可能有机会得以重用，才可以使我们驰骋的天地更加宽广。遇到一位敢于和善于有效授权的老板，可以使我们在工作的实践中得到更多的锻炼和提高。

做法02：谨记老板的教诲和叮咛

仔细聆听老板有意无意的责备和叮咛，不要因为一句责备的话就自我放弃，影响工作情绪，而要谨记教诲，努力改正，因为老板还抱着期望等着看着你的成绩呢。听到叮咛，也不能完全都当作是客气话，因为不管是哪种动机的叮咛，都是老板的一种关怀方式。

丽莎毕业后进了一家贸易公司，没人把她当回事，鸡毛蒜皮的小事都使唤她去做，她的脾气也因此越来越大，对同事的请求装聋作哑，直到她被所有的同事孤立。

某天下班前，丽莎被经理叫到办公室，她心中暗想：不会就在今天开除我吧？经理让丽莎坐下，从电话旁的仙人掌盆里抓起一把黄沙，让沙子从指缝间流出来，“你觉得你脾气大，还是我脾气大？”

“当然……您绝对有资格发脾气啊！”丽莎百思不得其解。

“我刚出来工作的时候，起点还没有你高，脾气可比现在大多了。后来别人教我，抓一把黄沙就能调节情绪，缓解压力。”

经理拍拍丽莎的肩膀：“你也试试吧。如果你调整不好自己的工作情绪，怎么能把事情做好呢？我需要的是一个沉得住气的好助手，我相信你能做好这个岗位的工作！”

经理的这一番话，让丽莎找到了工作中的新突破口，因为经理能够这样言传身教，“教人向善”，更“教人如何向善”，而不是一进门就数落她。最后还表述了自己的期望：“做一个沉得住气的好助手！”这样的话，如何不让丽莎这样的新人充满信心和力量？如何不让她感激涕零？

感谢老板的谆谆教诲和关怀之情，让我们更快更好地迅速成长，让我们找到了归宿，让我们体会到温暖，除了用实际工作成绩来回报，我们还能怎样做呢？

人和事都是相对存在的，好上司也需要有一个懂得在感恩中逐步成长的下属，否则再多的责备和表扬都成了废话。

做法03：像老板一样工作

一个好员工必然是一个知道感恩的人，因为只有心怀感恩，才能够以企业为家，才能够时时处处像老板一样为公司着想，把公司利益放在首位，维护公司的利益，才能发自内心地表现出对老板的感谢。

以老板的心态对待工作，就要像老板一样，把公司的事当成自己的事来做。如果你是老板，你一定会希望员工能和自己一样，更加努力，更加勤奋，更加积极主动。因此，当你的老板提出这样的要求时，你就应当积极努力地去做，用心去做，创造性地去做。

当你具备了老板的心态，你就会去考虑企业的成长，就会去考虑企业的明天，就会感到企业的事情就是自己的事情，就知道什么是自己应该去做的、什么是自己不应该去做的，就会像老板一样去思考，就会像老板一样去行动。回顾每一天的工作，我们也许都应该扪心自问一下：“我是否付出了全部的精力和智慧？”

像老板一样为公司着想，我们就会成为一个值得信赖的人、一个老板乐于雇用的人、一个可能成为老板得力助手的人。更重要的是，我们能心安地幸福入眠，因为我们清楚地自己已竭尽全力完成了自己所设定的目标。

做法04：老板不在时同样努力

感恩和忠诚是一个人的高尚品格，也是一个员工的基本道德。

老板不在时，你可以做很多事情——可以尽职尽责地完成自己的工作，也可以投机取巧；可以一如既往地维护公司的利益，也可以趁机牟取私利。但是你别忘了，老板一时难以发现，并非意味着老板永远也不会发现。

在老板的眼中，感恩和忠诚比才能重要10倍，甚至100倍。所以，许多老板宁要一个才能一般、可以信赖的员工，也不愿意接受一个极富才华和能力、但却总在盘算自己的小九九的人。

许多员工认为，老板不在的时候正是可以放松的时候，每天紧绷着的神经似乎要爆破了，终于因为老板出去参加什么会议了，或是出国考察、谈判项目去了，自己可以趁机放松一下了。暂时的放松是可以原谅的，也是可以理解的，但是如果认为这是最好的偷懒时机，那绝对是一个错误。不管老板在还是不在，员工都应该时刻尽自己最大的努力去完成自己的工作。因为员工的表现会通过各种渠道传到老板的耳朵里，当老板不在的时候，不要认为自己可以随心所欲，或者对工作敷衍了事。

只有真正做出成绩来，你才能获得老板的信任和重托，才能使你的工作稳定。

如果老板评价你说："不错！可靠能干！"这是对一个员工的最高褒奖和最大的肯定，每一个员工都应该以此为荣。

做法05：适时向老板表达你的感激之情

现实生活中还有这样一些人，他们的内心里是真正感激自己老板的，但是他们不敢把自己对老板的感激表达出来，他们害怕别人说他们这是给老板说好话，是在拍老板的马屁，是想讨老板的欢心，是有私人目的的。其实大可不必这样想，只要你对老板的感激是真心真意的。公司之所以得以壮大发展，正是因为老板的苦心经营；你之所以有今天的进步，也是因为老板对你的正确批评和指导。问心无愧的你，又何必害怕别人的无谓指责和猜测呢？

所以，千万不要忘了你身边的人、你的老板、你的同事，他们是了解你的，他们也支持你。"谢谢你的帮助""感谢你的支持"，你要大声对他们说出你的谢意，感谢他们对你的鼓励和支持，要把对他们的谢意说出来，当着他们的面亲口对他们说，而且还要经常说。这样不仅能得到他们更多的信任和支持，还能给公司带来更强的凝聚力。

当然，也不能光说不做，工作上应该比以前更加努力认真，这也是一种对公司对老板的感谢方式。它显得更加特殊和更加实用一些。

做法06：即使明天离开也要心怀感恩

现代社会快速转换的工作和生活节奏，使得人们频繁着做出选择留下还是离开的抉择，我们不敢指望自己的职业生涯从始至终跟随同一个老板，但是我们内心深处要对每一个在我们生命中给予我们工作机会、给予我们工作上帮助和支持的老板真诚地说声“谢谢！”即使我们与老板之间有过这样那样的问题，我们也要再大度地“一笑泯恩仇”，心怀感恩地离开。

鑫宇想辞职了，因为有家公司开出比现在高出30%的工资。一位同事对他说：“这两年你为公司做的贡献有目共睹的，就这样走了岂不可惜？”

鑫宇当时并不觉得可惜，正所谓“人往高处走，水往低处流”，既然有了好去处，不抓住机会那才可惜呢。鑫宇来公司两年了，勤勉地工作，有几个大客户都是鑫宇争取的。老板对他也是很满意。所以，鑫宇递上辞职书时，老板觉得很意外，挽留不住之下，叫鑫宇结清宿舍的房租再走。虽然钱不多，可鑫宇是越想越不服气，四处对人说老板“抠门”之类的话，结果惹火了老板，吵了起来，双方不欢而散。

鑫宇服务的新公司原来是一家没有实力的空壳公司，他去了不到一个月，这家公司就倒闭了。那段时间鑫宇很落魄，重新找工作时，他开始真正尝到了艰难的滋味，这时的鑫宇不禁想起了前任老板的许多好处，后悔自己的一时冲动。

这是好几年前的事了。两年前，鑫宇又一次跳槽了。这次，他老老实实地按照公司的规矩办妥移交手续，还专程上门拜访了老板，感谢老板的知遇之恩，并谦虚地承认自己的跳槽给公司造成的影响，请求老板的原谅。老板送他出门时，特意叮嘱说：“以后有什么需要尽管来找我。”

又如前一次跳槽一样，新公司很不理想，鑫宇只好跳出来自己开了家小公司。虽然他有管理经验，也熟悉不少客户，可公司还是走到了几乎倒闭的关口。鑫宇说："当公司出现严重的资金不足时，是我原来的老板伸出援手帮我渡过了难关。"现在，鑫宇的公司正步入正轨，生意日渐红火。

其实，跳槽，在职场是很平常的事情，但抱着一颗感恩的心好聚好散，真的很重要，不要对自己为公司付出了多少耿耿于怀，刻意将自己的成绩放大。要想到，是一个又一个的老板给了自己机会以及基本生活的保障，我们应该心存感激才对，哪怕明天就要走人，今天也要为公司争取到最后一个订单。

职场点拨

你要想有所作为，就要做到知恩图报。你应该时刻记住你拿的薪水就像你喝的水，即使挖井人不图你的回报，你也应该有个感恩的态度，至少在适当的时候表示你的感谢。

第四节　感恩同事，对你的理解和支持

名人名言

感恩是精神上的一种宝藏。

——洛克

同事，顾名思义，就是一起做事的人。人之所以成为同事，就是为了完成共同的事。假如事情完成得不好，那叫事故；事情完成得很好，就成为了事业。可见，同事对一个人是多么的重要。对大部分职业人来说，最好的给予是有一个好同事，比有一个好同事更好的是有一群好同事。

"谢谢你包容我的缺点，教我那么多东西，不计较我的不懂事和青涩。"

网站90后网络编辑琳达在感恩节前几天就已写好了多张感恩节贺卡，准备在感恩节当天发送给公司的同事和领导。琳达觉得，自己初入职场，很多事情处理得并不恰当，跟领导、同事偶有冲突，关系紧张，平时有些话不好意思说，借着感恩节的机会，希望能获得谅解。

“一个篱笆三个桩，一个好汉三个帮”，同事是与我们朝夕相处、给予我们工作支持和帮助最多的伙伴，正是因为身边有这么多好同事，大家通力合作，才成就了我们如今的业绩。关爱同事就是在关爱我们自己，我们要学会感激自己身边的同事，与同事一起共渡风雨，携手打造属于我们的卓越团队。

事实上，企业中的每一位员工都有着各自的专长，他们拥有的专业技能构成了一个团队存在的价值。可以想象，如果没有同事的信任和支持，我们就会在公司里陷入孤立状态，使自己寸步难行，无所作为。而当我们怀着一颗感恩之心与同事一起工作时，气氛就会融洽得多，我们也会从中得到更多的快乐。要知道，与同事们能在一个单位工作，也是一种缘分。1天24小时，除去睡眠，我们生命中的大多数时间都是和同事一起度过的，因此，我们更应该懂得珍惜同事之间的这份情谊，互相关爱。

那么，职场中，我们要如何感恩同事呢？

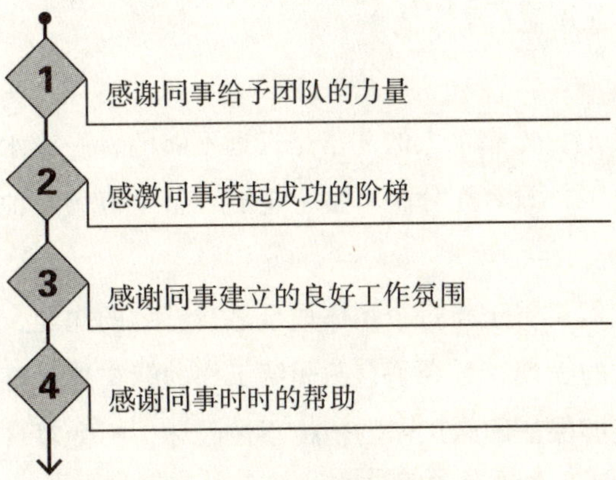

感恩同事的要点

要点01：感谢同事给予团队的力量

团队精神在一个企业、一个人的职业发展中都是不容忽视的。

在同一个团体中，同事之间有着密切的联系，谁都不能单独地生存，谁也脱离不了群体。个人的利益和团队荣誉密切相关，要想战胜对手，就得和团队成员并肩作战。

作为一名员工，应该为企业的成功负起责任，也应该为其中每位同事的成功担起义务，只有员工间精诚合作，才能为整个企业的辉煌增添绚烂的一笔。

杰克是一家营销公司中非常出色的营销员。他所在的部门，曾经因为团队协作的精神十分出众，而使每一个人的业务成绩都特别突出。

后来，这种和谐而又融洽的合作氛围被杰克破坏了。

当时，公司的高层把一项重要的项目安排给杰克所在的部门，杰克的主管反复斟酌考虑，犹豫不决，最终没有拿出一个可行的工作方案。杰克则认为自己对这个项目有八九成的把握。为了表现自己，他没有与主管磋商，更没有贡献出自己的方案，而是越过他，直接向总经理说明自己愿意承担这项任务，并提出了可行性方案。

结果，当总经理安排他与部门经理共同操作这个项目时，两个人在工作上不能达成一致意见，产生了重大的分歧，导致了团队内部出现分裂，团队精神涣散了。项目最终也在他们手中流产了。

想成为卓越员工，光靠个人的才华是远远不够的，一滴水只有融入大海才不会枯竭，一位员工，只有充分融入整个企业、整个市场，他的能力才能得到充分的发挥。

在工作中，我们要善于与每个团体成员进行有效的沟通，并保持密切的合作。不要为求个人的表现，丢弃了自己团队工作的荣誉感，打乱了团队工作的秩序。这样，才能够保证团队工作的精神不被破坏，不会对自己的职业生涯造成致命的伤害。因此，我们必须学会感激自己的同事，加强与同事间的合作，做一名能够担当责任的好“搭档”，才能共同打造一支优秀的团队，才能实现我们的人生价值。

要点02：感激同事搭起成功的阶梯

每个人事业的成功都需要别人的帮助。

刘备若没有诸葛亮，想三分天下无异于白日做梦；约克在曼联威风得不行，因为他身后有贝克汉姆、吉格斯的强大火力支持，还是这个约克，一回到特立尼达和多巴哥国家队就碌碌无为，没别的，就是因为孤掌难鸣。

当天才遇到天才，互相勉励，就会放射出更耀眼的光芒。即使是庸才遇到庸才，只要互相取长补短，同样能如虎添翼，所谓“三个臭皮匠，顶个诸葛亮”。优秀的同事就像撑杆，让你跃过不可能的高度，让你事业的画面更加生动流畅。

因此，要对同事感恩。他们的帮助绝不是可有可无的。很难想像一个在同事中间孤立无援的人，能够把工作做得出色。俗话说“得人心者得天下”，同理“得同事者得事业”。

周围的同事，他们在与你共事时，一直了解你、支持你，正是他们为你搭起通向成功的阶梯。感谢他们默默地为你做了这么多，成功的勋章里有着同事们辛苦的功劳，在庆祝成功时别忘了给同事们一个有力的拥抱，并轻轻地说一声：“谢谢！没有你就没有我今天的成功，真诚地感谢你的付出，谢谢你！”

要点03：感谢同事建立的良好工作氛围

感谢身边的同事，大家教会了你很多东西，让你不断地成长着。你们一起成长一起进步，这或许就是一个团队的力量吧。大家可以交流信息，大家可以共享经验，可以相互帮助。在这样的一个集体当中，你也有信心让自己变得更优秀，有信心做好自己的工作。

在你的错误发生之前，那些对你说很多话，给你很多分析和建议；在犯错误后，对你没有抱怨、指责的同事，你不该感谢他们吗？那些总是对任何事都怀着一颗理解的心的同事，对于他们来说，团队里快乐的气氛才是最重要的，而不是个人利益。对于这些同事，你不该感谢他们给了你一个良好的工作氛围吗？

要点04：感谢同事时时的帮助

在工作中，我们总会遇到一些棘手的问题。当我们被这些问题深深困扰时，同事的帮助和支持会像甘露洒入我们的心间，让我们振奋起精神，勇敢迎接困难的挑战。因此，我们应心怀感恩，感谢同事们的支持和帮助。没有他们，我们的工作就不能顺利开展，也不会在职场上走得更远。

其实，当我们在给客户打电话的时候，当我们与同事演示的时候，你的同事能告诉你在与客户沟通中应该注意什么。

当你出门的时候，你的同事会告诉你今天穿的衣服是否有品味，今天的发型是否合适，今天带的资料是否全面，这家客户还需要准备什么。

当你跑了一天回来的时候，你的同事会与你分享你今天的收获，当然也包括你的郁闷。

当你情绪低落的时候，同事会给你激励，帮你振作精神。

当你在跟客户催单的时候，你的同事会配合你打电话。

当你不知道如何跟客户沟通的时候，同事会帮你去判断。换一个人去谈效果是不一样的。

你在同事的眼里，你是他的同事。同事在你的眼里，他是你的同事。不要等着别人主动来帮你，你要首先主动去帮助别人，只有这样，当你需要帮助的时候，你的同事才会帮助你。

职场点拨

怀着一颗感恩的心，去看待社会，看待父母，看待亲朋，你将会发现自己是多么快乐。放开你的胸怀，让霏霏细雨洗刷你心灵的污染。学会感恩，因为这会使世界更美好，使生活更充实。

第五节　感恩对手，对你的激励和挑战

名人名言

感谢命运，感谢人民，感谢思想，感谢一切我要感谢的人。

——鲁迅

感恩对手，因为他们是我们成长和成功道路上的一面镜子，让我们随时随地注意提升和完善自己；感恩对手，因为他们给我们压力和鞭策，使我们更进取；感恩对手，因为他们开拓了我们的胸襟，使我们变得从容、淡定、宽广……

雯清在广告公司工作，是策划部的最得力干将，深受领导的器重和同事的欢迎。可是有一天，策划部又来了一个美女——慧琳，她不但长得漂亮，字也写得漂亮，且创意很独特。在雯清看来，慧琳除了自信与潇洒外，还有一股挥之不去的傲气，这让她觉得受到了威胁。

平时雯清负责文案兼策划，公司领导和同事都夸她才华横溢，一人顶两职，这也是雯清最引以为傲的地方。现在，慧琳来了，也做策划，还做得那么好，这样下去，雯清很可能被晒成“咸鱼干”了。

雯清预测得很准，终于有一天，总监对雯清和慧琳说：“公司接到一笔业务，你们俩每人做一个广告策划，谁做得好，谁就会得到重用，做得不好，自己看着办。”听了这话，雯清立刻感到有股压力，认为慧琳会胜利，自己干脆识相点，辞职算了。那天晚上，雯清坐在书桌前，流了一夜的泪，她想要放弃了。

第二天早上，阳光非常灿烂，雯清心中那股不服输的劲头又恢复了。她对自己说：“怕什么？不能自己输给自己！我一定要搏一搏！即使输，也要输得光彩！”说干就干，雯清在短短的几天里，竟然做了十几份策划方案。重压之下，她爆发出了超强的竞争力，最终她获胜了，留了下来。

感谢竞争对手，一个人如果没有遇到竞争对手的刺激和威胁，那将是一种遗憾。因为竞争对手会促使你奋发向上，竞争对手会让你愈加顽强拼搏，鞭策你创造奇迹。

感谢竞争对手，因为正是他们的存在，才使我们有机会变得更强大。在我们迷茫时，对手给我们指明了目标和方向；在我们得意时，对手让我们保持清醒的头脑；在我们成功时，对手告诉我们要应对挑战，如何在胜利的基础上继续前进。

2012年伦敦奥运会赛场上，林丹胜出，当赛场沸腾时，林丹扶起了满脸泪水的李宗伟，这既是对对手的尊重，更是英雄间的惺惺相惜。2013年8月，李宗伟再败于林丹，林丹扶他上担架，赢得了世界的掌声。他们是命定的对手，却也是相知的朋友，他们相互追赶着，坚持着，引领着所能达到的最高峰度，其意义早已超出了比赛本身。正如林丹说："我很感激职业生涯能有李宗伟这么好的对手陪伴，他令我的故事更精彩。"对于李宗伟来说，又何尝不是如此呢？

竞争对手给了我们无形的压力，也给我们前进的动力。竞争对手是我们的教练，教我们如何在竞争中提升，在较量中升华，教我们如何发挥出巨大的潜能，创造惊人的成绩。所以，我们应该对他们满怀感激。

奥运冠军刘翔说："假如没有昔日的竞争对手，也就不会有今天的刘翔。所以，感谢对手。"人活着，就是在不断地竞争，而能够拥有一个对手，将会是一生莫大的一笔财富。因此，我们要感谢对手。

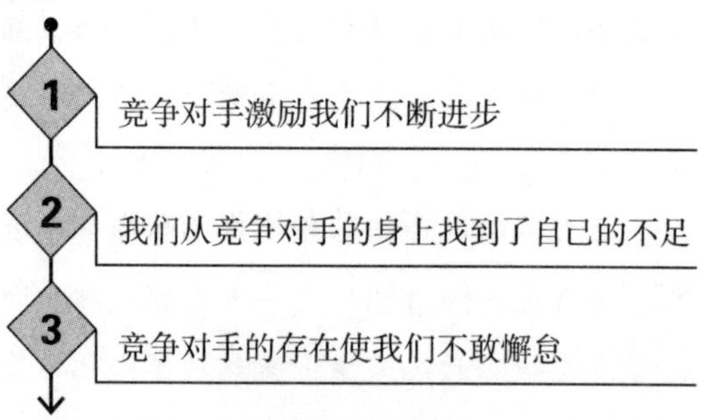

感谢对手的原因

原因01：竞争对手激励我们不断进步

对手是自己的压力，也是自己的动力。而且往往是对手给自己的压力越大，由此而激发出的动力就越强。对手之间是一种对立，也是一种统一。相互排斥又相互依存，相互压制又相互刺激。尤其是在竞技场上，没有了对手，也就没有了活力。

在职场打拼，有配合得天衣无缝的好搭档固然幸运，可有势均力敌的对手却更为难得。

宇翔曾在一家外资杂志供职，因为利益，人被分成了两拨，各司其主，双方经常对彼此的稿子极尽挑剔之能事。后来，宇翔发现正是这种机制成就了他，每每做选题、写文章都格外精心，结果是杂志质量有了保证，个人能力也得到了提高。

对手激励我们的进步，但这也要取决于我们的态度。一些人面对竞争，迎头赶上、不甘落后，而也有一些人，面对挫折，低萎不振、随波逐流。所以，面对现实竞争的激烈，我们一定要树立目标，不断迎接挑战，在不断竞争中提升自己，让自己达到一个新的高度，不断地进步。

原因02：我们从竞争对手的身上找到了自己的不足

每个人的一生都不会是一帆风顺的。漫长的旅程中，难免会遇到坎坷挫折。每当这时，我们或许想到的是对手如何如何，把不顺利的原因推向对方。可是，你是否想过正因为对手的“狡猾”，才突出了你的“稚嫩”；正因为对手的强大，才突出了你的弱小：正因为对手的前进，才突出了你的固步自封。感恩对手吧，因为他的存在，才让我们看到了自身的不足。

对手是面镜子，他毫不留情地指出并利用你的缺点加以进攻，这就帮助你改正缺点，完善自我。

对手是个助推器，他迫使你进步。竞争对手每天都在思考如何战胜你，你不想被打败，就必须不断进步。

原因03：竞争对手的存在使我们不敢懈怠

一个人如果没有竞争对手，那他就会产生惰性，甘于平庸。时时刻刻处于竞争对手的包围之中其实是一种前进的动力。竞争对手带来的巨大压力促使我们不断努力。

只有通过不断地学习，才能缩短与竞争对手的差距，超越竞争对手，这样，你在职场竞争中才会处于优势地位，才会得到更多加薪晋升的机会，在你超越竞争对手的同时，也就把压力抛给了竞争对手。所以，一个榜样胜过书上的一百条教诲，一个竞争对手胜过一百个追随者。竞争对手越强，你的压力就越大，动力就越大，学习的积极性就会提高，只要你合理地排遣压力，提升动力，就会赢得成功。

职场点拨

面对我们的对手，应心存感激，而不是嫉妒、偏见，甚至是仇视和诽谤。懂得为对手喝彩的人是大度的，懂得为对手开拓的人是聪明的，懂得为对手感恩的人是无私的。

第三章

3

勤奋，启动正能量

能量导读

勤奋工作既是一种能力和克己的训练，也是创造辉煌成就的前提。勤奋工作能激活人内在的激情，勤奋是永不过时的职业精神。不论在什么时代，什么潮流和什么思想下，勤奋永远是受人尊崇的职业品质。

第一节　勤奋是攀登成功的阶梯

名人名言

哪里有天才，我是把别人喝咖啡的功夫，都用在工作上的。

——鲁迅

对职场来说，忠诚敬业是一个优秀员工的职业操守，勤奋努力则是最完美的职业态度。只有勤勤恳恳、扎扎实实地工作，才可以把自己的才能和潜力全部发挥出来，才可以在短时间内创造出更多的价值。

只有勤奋才能做好工作，才能使人获得成功，而懒惰在职场中是没有市场的。

其实，我们谁都无法否认，人都是有惰性的，只是每个人“惰”的程度不同而已，关键是我们要去有意识地规避惰性，去激发自己的积极性。

只有那些勤奋努力、做事敏捷、反应迅速的人，只有那些充满热忱、血气如潮、富有思想的人，才能把自己的事业带入成功的轨道。这是亘古不变的真理，也是永不过时的恒久精神。

鸿宇生活在一个工薪阶层家庭中，因为兄弟姐妹比较多，他高中毕业后不得不放弃上大学的机会，到一家百货公司打工。但是，他不甘心就这样下去，每天都在工作中不断地学习，想办法充实自己，努力改变自己的工作境况。

经过几个星期的仔细观察后，鸿宇注意到主管每次都要认真检查那些进口商品的账单，而且账单用的都是法文和德文。他便开始在每天上班的过程中仔细研究那些账单，并努力钻研学习与这些商务有关的法文和德文。

有一天，鸿宇看到主管十分疲惫和厌倦，就主动要求帮助主管检查。由于他干得实在是太出色了，以后的账单自然就由他来接手了。

过了两个月，鸿宇被叫到一间办公室里接受一个部门经理的面试。部门经理的年纪比较大，他说："我在这个行业里干了四十年，根据我的观察，你是唯一个每天都在要求自己不断进步、不断在工作中改变自己，以适应工作要求的人。从这个公司成立开始，我一直从事外贸这项工作，也一直想物色一个助手。由于这项工作所涉及的面太广，事务比较繁杂，需要的知识很庞杂，对工作的适应能力要求也特别高。现在，我们选择了你，认为你是一个十分合适的人选，我们相信公司的选择没有错。"

尽管鸿宇对这项业务一窍不通，但是，凭着对工作不断钻研、学习的精神，他的能力也不断地提高。半年后，他已经完全能胜任这项工作了。一年后，他接替了那位经理的工作，成了这个部门的经理。

勤奋努力的精神永不过时，在今天，勤奋依然是每一个成功者的不二法门。

常言道："一份耕耘，一份收获"。只有有了辛勤的劳动，才会有丰硕的成果，不劳而获的事情从来就是不存在的。

然而在工作中，很多人"三天打渔两天晒网"，他们将工作认为是得过且过的一个单纯的事项，根本就没有"勤奋"的念头。那么，在职场中如何做到勤奋呢?

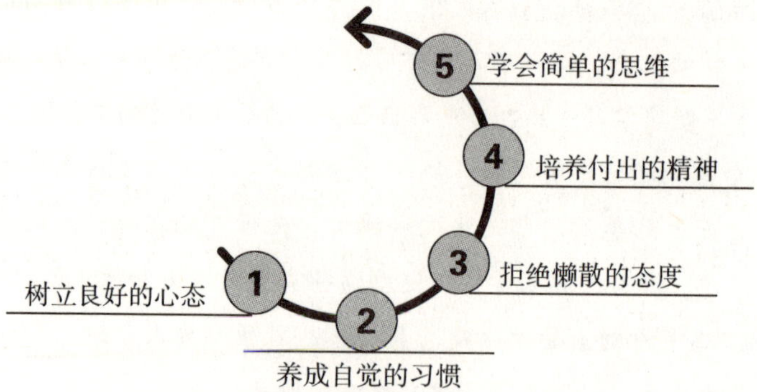

职场勤奋的法宝

法宝01：树立良好的心态

良好的心态无疑可以使我们更加积极地面对挫折与失败。要做到对工作具有强烈的兴趣，对生活充满热忱；对自己的价值坚定不移；敢于尝试新鲜事物；全心全意对待工作、尽职尽责，并且乐意帮助他人，把帮助别人当做一种快乐；善于发现美好的事物，并且与他人分享；对自身的成绩深感荣耀；对成功有强烈的欲望；相信他人；对未来充满憧憬和希望。

法宝02：养成自觉的习惯

自动自发就是在没有人要求你，没有人强迫你的情况下自觉而出色地完成工作。

员工要做到勤奋，就是要积极主动地工作，在工作中自觉地付出超出预期和原有需要层级的努力，在没有他人鼓励的情况下，善于发现和创造新的机会，提前预计事件发生的可能性，并有计划地采取行动避免发生问题，提高绩效。

法宝03：拒绝懒散的态度

很多人都会有这样的感觉，无论睡得有多香，食欲有多么旺盛，气色有多么好，只要有人问他感觉怎样，就肯定会得到一个透着压抑与沮丧的回答："不怎么样""感觉很不好"等，这种人整天沉浸在健康不佳、情绪不宁之中。这种懒散的态度就是自己的敌人，它会在不知不觉中侵蚀人的意志力。

法宝04：培养付出的精神

付出和收获总是成正比的。你在付出的时候越慷慨，你得到的回报也会越丰厚；只求回报不愿付出，那是异想天开的。在职场上的付出，就是在累计你的财富，而你的付出终会帮你赢得想要的一切。

作为公司的一名员工，要给上司留下良好的印象，就要勤奋工作，多下功夫，让自己所在的企业和部门多出成绩，得到上司的赞赏。“少说多做，比别人付出更多”的实干精神，让你在竞争中更有优势。

法宝05：学会简单的思维

除了勤奋，把你的日常工作简单化、条理化也是非常重要的准则。在工作中，使人们晕头转向的，不是繁重的工作，而是我们没有搞清楚应该先做什么、后做什么，没有养成良好的工作习惯。如果你不能从千头万绪的工作中抓住重点迅速解决，又怎么能提高效率？

用简单思维解决复杂问题，把日常工作有序化，才能帮你登上高效的工作平台。假如你还没有一个日程表，那么现在就去制定一个日程表，并开始安排你的日程，要随时做笔记，把下一步计划要做的事情记下来。不要太过于相信自己的记忆力，不要等到事已临头或即将临头才临时抱佛脚。你必须事先做好准备，在完成当天工作的同时，也应挤出点时间把第二天的事情安排好。做到这些，才算是开始着手进行工作管理。

勤奋不仅是一种对待工作的态度，而且也是一种对自己负责任的表现。要想在这个人才辈出的时代里走出一条完美的职业轨迹，唯有依靠勤奋工作的精神去激励自己不断地进取。

勤奋努力与时代、与行业、与岗位都没有太大的关系，勤奋努力的工作精神更不会过时，越在当今激烈竞争的时代，越是先进的、高尖的技术行业，越需要这种勤奋努力、拼搏进取的精神。

职场点拨

职场不是一帆风顺的，总会有磕磕绊绊，但是只有勤奋工作、虚心好学，才能使自己不断进步，从而在更富有挑战性的工作面前，胸有成竹地完成。

第二节 勤奋能克服“先天不足”

名人名言

如果你富于天资，勤奋可以发挥它的作用；如果你智力平庸，勤奋可以弥补它的不足。

——乔·雷诺兹

“一个勤奋工作、喜欢工作的人即使在能力方面有所欠缺，也会逐步成长和完善起来，我们更喜欢笨鸟先飞的释放效应。”摩托罗拉大中华区人力资源总监李重彪如是说。

“勤能补拙”“笨鸟先飞”这些熟悉的成语，讲的都是一个简单的道理：在职场中，并不是所有人都站在同一条起跑线上，有的人天资聪颖，学习能力强，基础好，而有的人反应比较慢，基础知识薄弱，个人能力逊色。那么如何才能在职场中胜出，唯一的办法只有两个字：勤奋。

一个人的进取与成才，环境、机遇、天赋、学识等外部因素固然重要，但更重要的是自身的勤奋与努力。缺少勤奋的精神，哪怕是天资奇佳的雄鹰也只能空振双翅。有了勤奋的精神，哪怕是行动迟缓的蜗牛也能雄踞塔顶。

如果我们已经非常清楚自己与周围的同事相比存在着许多劣势，那么我们就应该比别人付出更多的努力，更加勤奋地投入工作中，这样才能弥补我们的这些劣势。

日本保险推销员神原一平身高不足1.60米，相貌又一般，这些不足之处影响了他在客户心中的形象，起初的推销业绩很不理想。神原一平想：既然我比别人的确存在一些劣势，那就让勤奋来弥补它吧。为了实现第一的梦想，神原一平全力以赴地工作。早晨五点钟睁开眼后，他就开始查看今天需要拜访的客户资料，八点往客户公司打电话，确定访问时间；八点半前一定已经在去拜访客户的路上；下午六点半下班回家；晚上八点后总结一天拜访的客户情况，找出最有可能成交的潜在客户。这是他典型的一天工作安排。“星期一到星期五保持竞争力不落人后，星期六与星期日拿来超越他人。”当别人休息的时候，他还会在周五那天下午去约见客户，只要客户允许，周六、周日他一定会出现在客户面前。就是这样的勤奋，使他摘取了日本保险史上销售之王的桂冠。

世界上的人千千万万，每一个人的天资、环境、条件和能力都大不相同。有的人确实天生是命运的宠儿，天生就比别人更多一些成功的元素，但却并不是最重要的，最重要的还是在于个人勤奋努力的工作态度。

天资并不能决定一个人的成就。许多的聪明人都曾为一个问题困惑不解：明明自己比他人更有能力、天分更高，为什么成就却远远落后于他人？关键的关键还是勤奋。那么勤奋对职场新人来说，有什么积极作用呢？

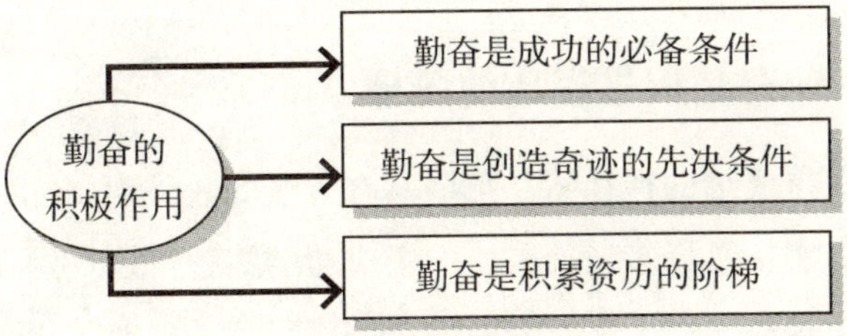

勤奋的积极作用

作用01：勤奋是成功的必备条件

勤奋是成功的第一资本，天下没有免费的午餐，要想获得成功，没有吃苦耐劳的精神是不行的。世界上没有一劳永逸的事情，只有勤奋才能得到上天的眷顾。

看一看成功的商人，李嘉诚、王永庆、马云、松下幸之助……他们哪一个不是靠勤奋起家的呢？勤奋永远是独立于时代之外的成功要素，不管什么时代，离开了勤奋，都等于是放弃了成功。除了勤奋，再没有成功之路。天道酬勤，成事之道，古今中外，概莫能外。所以勤勤恳恳，做好自己的工作，就是在积累成功。

作用02：勤奋是创造奇迹的先决条件

成功与天赋不成正比，却与勤奋息息相关。伟大的成功和辛勤的劳动是成正比的，有一分劳动就有一分收获，日积月累，从少到多，奇迹就可以创造出来。

当一个人视自己的事业如自己的生命一般神圣，当一个人把勤奋努力作为人生的座右铭，当一个人把自己的全部精力都投入到某一工作中去，就算他天资不足，就算他愚钝，就算他身患残疾，但又有什么事情做不成功呢？

一分耕耘一分收获，任何人，哪怕天分再低，只要勤奋努力了都会有所成就，有些成就甚至连自己也吃惊。

客观的任何原因都是可以克服的，但最主要的原因还在于我们的心里，在于我们对梦想追求的热情和对工作所持的态度。只有奋发进取、勤奋努力，梦想就一定会实现，成功也就不再遥远。

作用03：勤奋是积累资历的阶梯

在职场中取得成绩的往往不是那些具有天赋的人，而是那些资历一般，却在工作中勤奋踏实、愿意多做的人。一个成功的销售代表一定比其他销售代表每天多拜访几个客户，一个富有经验的设备工程师一定花了更多的时间研究设备的运行和相关的技术资料，一个创新建议的提出者往往用更多的时间去寻找问题和解决的方法。我们不否定天赋和资历所具备的优势，天赋和资历能让我们在职场中领先，能让我们有更多的选择机会。但是失去了勤奋，再好再多的天赋和资历也会将我们曾经拥有的财富积蓄在某一天消耗殆尽。只有勤奋，才能让我们积累新的资历和财富。

职场竞争就像100米赛跑，如果想赢得冠军，我们不应该去研究一般的赛者，而应该研究跑得最快的选手，这样才能发现自己的不足，激发自己的动力，让自己的潜力得到最充分的发挥。因此，当个人处于劣势的时候，从另一个角度讲，反而是件好事，它能促使自己跑起来，把劣势当作激励自己的动力，用勤奋来弥补自己的不足。

能量驿站

一味抱怨不如努力实干

一个出色的员工，他也许没有高深的理论素养，却一定要有实干家的风采；他也许比拓荒牛还要沉默寡言，却绝不会像鸭子一样“嘎嘎”地抱怨。

在工作中，我们常常可以听到很多人抱怨，“为什么我的工作这么辛苦？”“为什么我赚的钱这么少？”“可恶的社会怎么如此残酷？”等等，其实，厄运并不是只降临到你一个人身上，别人也是一样的。在这个世上，每个人都不可能是永远的幸运儿，都在承受世界带给我们的种种磨难。

富兰克林说过：“天才就是最强有力的牛，他们都是实干家，一天工作18个小时。”

只要你不抱怨生活和工作，脚踏实地地前进，你就可以笑得轻松而淡定，因为实干的员工一定会立足本职，兢兢业业工作，并不断开拓进取，不抱怨自己遇到的困难，不抱怨自己不如别人的待遇，怀着满腔的热情去全力以赴。

成功是要靠实干来获得的，实干是一种对待事业、对待人生的态度，这个世界上没有什么上帝的宠儿，只是有的人过于注重挫折和不平带来的委屈，把时间和精力都浪费在抱怨上，白白丧失了大好的年华，错过了很多可以取得成就的机会。而那些成功的“幸运儿”在遭受不平时，总是把恼怒或悲痛化为动力，把抱怨化为行动，踏踏实实去改变窘境，无论你面对的是平凡的工作岗位，还是难以想象的超难度工作，敬业负责、努力实干一定可以让你获得成功的青睐。

满腹抱怨对于帮助我们走出困境毫无益处。相反，这种态度可能会使问题更加严重，比如会让你情绪失控、影响团队的士气、破坏与他人良好的人际关系，最终导致糟糕的工作业绩。

如果你正在抱怨工作，那么你就等于是在破坏自己的职业生涯。若因抱怨而丧失行动力，你将陷入无可挽回的境地。赶紧闭上嘴巴，穿上勤奋的鞋子，继续赶路吧。除了努力实干，再没有什么能让你获得机会，改变困境了！

第三节　勤奋是肯干实干加巧干

名人名言

人的大脑和肢体一样，多用则灵，不用则废。在掌握了所读东西的记忆特征后，就唯有勤奋二字了。

——茅以升

勤奋就是认认真真、努力干好一件事情，不怕吃苦，踏实工作，是人们一直推崇的优秀品质。文学家说勤奋是打开文学殿堂之门的一把钥匙，科学家说勤奋能使人聪明，政治家说勤奋是实现理想的基石。可见，勤奋是人们获得成功不可或缺的关键因素。我们在干一件事情的时候，总会要求自己勤奋勤奋再勤奋。而我们表达勤奋的方式通常就是埋头苦干，认为对自己手头的工作，只要踏踏实实、认认真真地完成，就是勤奋。

随着时代的发展，勤奋的定义早就有了改变。埋头苦干并不能完全代表勤奋，单靠埋头苦干便有所作为的时代已经过去了。新时代的勤奋精神包含了很多要求。但不可否认，在农耕时代，埋头苦干是最重要的素质，也是体现勤奋的一个重要的方式。在那个完全依靠手工作业的时代，你锄两个小时的草和锄四个小时的草，差别是很明显的。你想生活得更舒适，就必须付出更多的努力。

古往今来，很多成功者就是靠勤奋取得成功的。因此，在现代职场中，很多员工也希望通过自己的勤奋来引起领导的重视。确实，勤奋工作不是靠嘴上夸夸其谈就能体现的，而是要靠实际行动来证明的。而这个实际行动又该怎样体现呢？很多员工会说，勤奋工作体现在实际行动中，不就是不停地工作，加班加点地工作吗？其实，这种认识是对勤奋工作含义的误解。埋头苦干并不完全就是勤奋，不具备在规定时间里完成工作的能力，反而是一种低效率的表现。

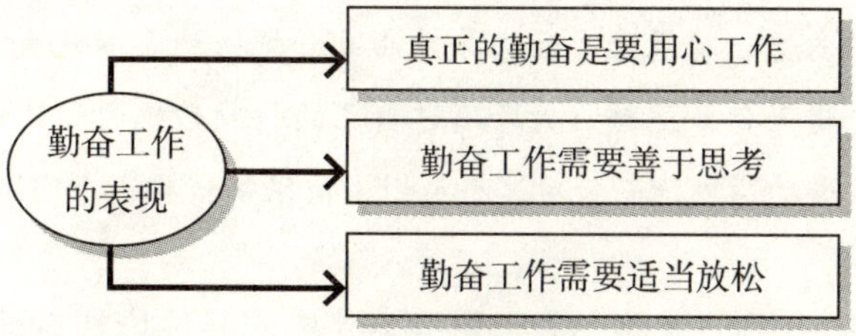

勤奋工作的表现

表现01：真正的勤奋是要用心工作

只有在工作中不断地学习、摸索，总结经验，想方设法地提高自己的工作效率，我们才能充分、合理、有效地利用有限的时间去做更多的事情，这才是真正的勤奋。而要做到真正的勤奋，则需要我们用心工作。只有用心工作，才能发现工作中存在的问题，竖起耳朵去倾听别人的建议，用自己的大脑去思考、学习，这样才能掌握更多的工作技巧。

表现02：勤奋工作需要善于思考

这一点是很多埋头苦干者很难做到的，千万不能小看思考的价值。一个善于在工作中思考的人，一定能通过自己的思考，总结自己的经验，找到工作的方法和规律，克服困难，进而提高自己的工作效率。

提起大野耐一，想必很多人不会陌生。这个被日本人称为“日本复活之父”的丰田生产方式的创始人，既没念过MBA，又没有读过多少经济学著作。但是，他在管理方面的理念却被称为“大野耐一精神”，而他自己也被称为“生产管理的教父”。就是这样一个成功的人，他对勤奋工作的理解就是“勤学好问，遇事留心”。大野在工作中无论遇到什么事情都喜欢打破砂锅问到底，遇到任何问题他都要连问五个“为什么”，然后找出解决问题的办法。

大野还是车间学徒时，有一次，工厂的机器突然停止了工作。大野就问旁边的工人：“为什么机器会停止工作？”那个员工回答：“由于负荷太大，保险丝断了，所以它才会停下。”大野接着问：“为什么负荷会太大呢？”那个员工很不耐烦地回答：“是因为轴承部分不够润滑。”大野又问：“为什么会不够润滑？”那位员工不愿意再回答他的问题，大野就去向其他员工请教。原来是机器里面没有安装过滤器，粉屑进去后，导致油泵磨损松动，不吸油，造成机器不润滑，负荷增大，进而停止运转。大野通过自己的打破砂锅问到底的精神，终于弄懂了机器产生故障的原因。而针对这个原因，他很快就将这个问题解决了。

只有在工作中勤学好问、善于思考，才能不断地增加自己的知识储备，帮助自己不断地拓展视野。只有这样，才能利用各种信息，帮助自己提高工作效率。只有遇事留心，才能在工作中发现问题并解决问题，才能把工作做得更完美。

表现03：勤奋工作需要适当放松

这是和埋头苦干截然不同的。勤奋也并不是说要24小时都工作，劳逸结合才是最科学的工作方法，尤其是在现代工作压力异常繁重的环境下，如果长期处于累的工作状态中，你也许就会厌倦，甚至还会想到放弃。因此，适时地奖励自己，给自己放个假，激励自己一番，就能清除心中的厌倦情绪。当自己掌握了一种好的工作方法或提高了工作效率时，不妨花上一点时间放松一下，呼吸一些新鲜空气，这样会让你的工作更有效率。

能量驿站

埋头苦干不如抬头巧干

努力工作能取得职场成功是很多初入职场的80后、90后的普遍想法。但埋头苦干并不意味着能在职场中取得自己想要的那一份成功，甘当老黄牛、极力通过延长工作时间来取悦老板的做法，已不是现代职场晋升的妙招，识别和把握新类型的机遇才是成功的关键。

毕业于名校的泊旻一直坚信要靠自己的能力说事，在学校看成绩，到了工作单位就要看业绩。于是在办公室里，他成了名符其实的拼命三郎，每日埋头工作。工作一多的时候，团队中一些游手好闲者常常叫苦不迭，而此时，泊旻总是挺身而出，大包大揽地替别人干活，他认为："年轻人多干点没什么不好，又累不死，还能多锻炼自己呢。"渐渐地，他除了干自己的本职工作，还要收拾许多烂摊子，有时甚至一加班就到晚上十点，别的同事都忙着在领导面前展示自己，他却总缩在自己的办公桌前，疏于和领导沟通。一次，在给领导上报的材料中，他算错了一个重要数据，领导十分生气地说："每天就看你瞎忙，也不知道忙的是什么？工作出这么大漏洞，你自己好好检讨一下吧！"泊旻觉得很冤，自己一直以来埋头苦干，不被领导赏识不说，反倒挨了批，真是累了不讨好。

泊旻的职业目标显然是想落个老好人的名声即可。"多干即是多锻炼"的观念不错，但"锻炼"的是什么？泊旻并没有回答上来。

其实，身在职场，埋头苦干，不如抬头巧干。学校与职场对人的评价标准有着根本的不同，在学校埋头苦学，考个好成绩，就是好学生。职场中不抬头巧干，就不是一个好员工。抬头是指适应周围的人际环境，做到与同事、领导的良好沟通。巧干是指了解和熟悉物理工作环境，了解自己知识和能力，把工作做得有声有色。

第四节 勤奋也要讲效率

名人名言

涓滴之水可磨损大石，不是由于它力量强大，而是由于昼夜不舍地滴坠。只有勤奋不懈地努力，才能够获得那些技巧。

——贝多芬

勤奋有两种，初级阶段的勤奋，努力做事情；第二种是有效率的勤奋，知道哪方面的工作是重点、有没有按时完成上司安排的工作。没有找到技巧就用基础性的勤奋。但无论什么情况投机取巧是绝对不允许的。

在梓含大学毕业前夕，学校举行了一场招聘会，经过激烈的竞争，她非常有幸地被梦寐以求的某汽车公司看中了，作为实习生，实习期是两个月。但不巧的是，实习生有两个，到最后还是要淘汰一个，因为公司只缺一个销售部门的人员。她的心开始忐忑不安了，但她坚信自己能取得最后的胜利，因为她有秘密武器——舍己为人的高尚品德，尤其是勤奋刻苦的品质。于是她就制订了自己在这段实习期间的计划：团结友爱、尊重前辈、虚心学习，另外最重要的是刻苦勤奋。

于是在实习的那段时间里，早上第一个来单位报到的是她，晚上最后走的也是她。帮同事们买饭的是她，打扫集体休息室的人还是她。虽然辛苦，但她的心里非常高兴，因为她得到了同事们的认可和赞扬。部门经理也是非常勤奋的，他来的早，下班的也晚，这样她跟经理接触的机会增多了，慢慢的经理对她也有个好印象。记得有一次下班很晚，为了打印一份报告，最后只剩下她和经理了，为了得到经理的欣赏，她坚持要比经理更晚回去，果然很有效果，经理走时说了声："梓含，好样的。"同时问她："这两天怎么不见那位实习生呀？我还不知道她叫什么名字呢？"当时梓含心里暗暗高兴，就应声回答了：她早下班了，还特意将"早"字拉得很长。这时她觉得自己占了相当的优势，只要另外那个实习生的业绩不好，留下来的人非她莫属。想到这儿，每天都是哼着小调回家。

又有一次，她呆到很晚，经理也是，她肚子开始咕咕叫了，所以悄悄去买了夜宵，也给经理买了一份，当梓含走进经理的办公室时，经理先是一愣，然后说："真是谢谢呀，想不到你还没走呀，在工作上不要太累了啊！注意身体啊！"当梓含要走时经理又说："梓含，加油！"梓含高兴地回了一句："谢谢经理，我一定会成为一名好员工的。"

就这样，熬到了实习期完毕的那天，想着自己即将成为这家公司的一名正式员工，梓含非常自信地走进了办公室，但等待的结果是："对不起！你已经被淘汰了。""什么？"梓含不服气，于是气冲冲跑到经理办公室质问：

“经理，要走的为什么是我？而不是她？虽然我跟她的业绩相当，但是我很刻苦呀。这你是知道的，能给我个裁掉的理由吗？”经理慢慢地说：“梓含，在实习期间，你确实很勤奋，也得到了同事和领导的认可，这我们大家心里都很清楚，可你想过没有，同样的业绩，她用了多少时间？你用了多少时间？她的效率很高，所以我和人力资源部的经理一致认为她比较适合这份工作，还有件事，可能你不知道，她用业余的时间自学了物流方面的知识。”梓含愣了一下，再也无话可说，自愧不如，收拾完东西灰溜溜地走了。

故事中的梓含，经过这次求职的经历以后，明白了一个道理：现实生活中需要的和缺乏的是有效率的人才，而不仅仅是我们上学时所说的刻苦。

勤能补拙，很多人认为成功一定离不开勤奋，可是若光勤奋而没有效率，反而会拖住迈向成功的脚步，觉得有时候少做一些，效果反倒会更好。那如何能做到既能勤奋工作又有效率呢？

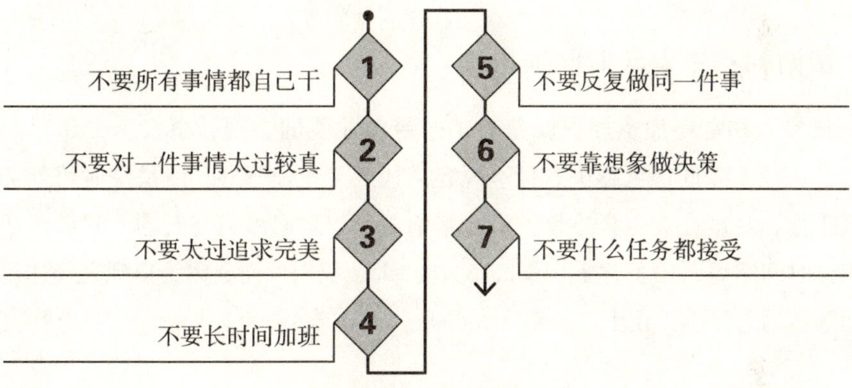

勤奋高效工作的法则

法则01：不要所有事情都自己干

是的，你很有行动力，也很有能力，但如果你什么事都抓到自己手上，单打独斗，那么你会发现很多时候你都会力不从心，而你同事、下属也难免会因为你的勤奋而庸庸碌碌，谁叫你把什么事都干了呢？即便你再能干，也不能独自将所有的事情都做完做好。物尽其用，人尽其才，将一些任务分摊给那些更能胜任它们的人吧，同事、下属、专家……他们的加入会让将事情推动得更快。

法则02：不要对一件事情太过较真

本来就是固执的个性，若还对于某事过于专注、较真，那就是将自己禁锢了，工作还如何顺利地开展下去？所以，偶尔也给自己一些独处的时间吧，停止目前的工作，抽出时间自我反省一下，也放空一下。当我们抽离于某件事时，有时反而会比沉浸在其中更容易找到解决问题的灵感与方法，因为这时你的头脑会更清醒。

法则03：不要太过追求完美

对人对己有着高要求、高标准，确实能保证工作的质量，但力求完美过度，效率也就越低。完美就等于要花更多时间来完成任务，就等于无数次的细节修改与思考。总觉得自己是在等待最佳时机，可最完美的时机就是现在，等来等去、要求来要求去只会延误时间与机会。

法则04：不要长时间加班

很多人都觉得加班加点就是对工作兢兢业业的表现，事实上工作时间愈长，工作效率降低得也越快。且不说容易让人产生拖延症，就是每时每刻都在认真工作，过度疲劳也会导致人的情绪消极，以致思考力与行动力降低。如果把工作时间缩短，10小时变8小时，6天变5天，我们反而会因为得到充分休息和时间缩短的急促感，让生产效率大大提升。

法则05：不要反复做同一件事

你是努力去做一件事，充满了热情，可如果这件事在往后的工作中经常需要重复，那你最好考虑将这件事做成程序、写成文档。若是你无法自己写程序、无法自己解决，花钱请专家帮忙也未尝不可。虽然刚开始是要花费你不少的心力，但往后做起来可就节约了不少时间，正所谓“磨刀不误砍柴工”！

法则06：不要靠想象做决策

带着头脑工作固然重要，但思考并不等于瞎猜。若单凭自己的想象去推断一件事情，即便你的计划做得再详细，那也是白搭，浪费精力，浪费大家讨论的时间。做一个决策前，还是多用数据来说话吧，有了数据作为支撑与分析的依据，才能更加优化你的决策，实行起来更加有条理，也更直观。

法则07：不要什么任务都接受

我们绝大部分的成果其实只来自于少部分的付出，而更多付出得到的成果也许就只有20%。与其花更多时间朝那20%努力，不如直接放弃这20%，将更多精力给到那产生80%成果的事情上。我们一定要懂得划分事情的轻重，不要为了给上司留下勤奋的印象或是不忍心拒绝同事的要求，而将注意力花在没有成效的任务上。

能量驿站

职场勤奋需有度

有人说勤奋是成功的关键，还有人说有多少付出就有多少收获，勤奋是美德，也是社会所倡导的精神。

但是在职场中，勤奋的人有的被称为“工作狂”，有的被称为“作秀”，并不是勤奋的人就一定在职场中受到青睐。职场中勤奋也需要有度吗？

1．勤奋是否说明效率低

勤奋就等于效率低吗？勤奋并不等于效率低。但是，职场中人遇到常加班的情况，就应首先自我检查一下，加班是真的是因为勤奋，还是因为上班时间完不成工作，不得不加班？有几个问题是必须自己想清楚的：我在工作中浪费时间了吗？我认真地做工作了吗？同样的工作其他同事能在上班时间完成吗？如果别人用五分钟完成的事情，自己却要用半个小时，说明自己并不是真正的勤奋，而是工作效率低下。

这种情况下，就应该反思自己是能力有问题，还是工作方式不对。能力不足，最好换一个工作或者岗位；如果是工作方式不对，就需要掌握工作技巧，看看周围同事如何能在上班时间完成工作，工作时注意统筹计划、节省时间。

如果比其他同事完成的工作多得多，说明自己确实是一个勤奋的人。解决问题的方法有两种：第一，继续保持，没有老板不喜欢真正勤奋的员工，你会被老板重用，或者加薪；第二种，像其他同事一样劳逸结合，下班离开办公室，好好休息。

2. 勤奋是否会让工作越来越多

是不是越勤奋工作会越来越多？职场新人确实需要干很多活，不过，首先要在完成自己工作的前提下，其次要量力而行。刚参加工作时因为对工作不了解、不熟悉，新人可以多干一些杂活，一是和同事熟悉，二是熟悉工作和部门，但是当超过能力范围或影响了自己的工作就要委婉地拒绝。

能者多劳，能力越高领导安排工作越多。不过也不要无限地给自己加码，毕竟每个人的精力是有限的。工作过于繁重时，就要及时和领导沟通，领导会根据你的情况调整的。如果一味默默承受，当工作又没有完成或完成不好时，就是你的责任了。

第五节　勤学比好问更管用

名人名言

如果说我有什么功绩的话，那不是我有才能的结果，而是勤奋有毅力的结果。

——达尔文

勤学好问，顾名思义，既要勤学，又要好问。勤学就是多学习知识，多学技能。好问就是发现自己有不懂的问题，及时向他人求教。好问是从古至今的学习良方。做到勤学好问，才能充实自己，成就自己。

勤学与好问向来密不可分，但对身处职场的你来说，勤学向来受欢迎，但好问可就未必。也许在你入职时，上司和同事会热情地告诉你：“有什么不懂尽管问”。可是，真的能随便问吗？

淑敏是公司新招的员工，来上班已经有两个多月了。这一天，淑敏收到了会展公司的邀请函，对方希望公司能参加下个月的车展，并附上了每平米展区的价格。淑敏拿着报价单询问经理的意见。经理想了想说派两辆车参加。淑敏问："那我们要租多少平米的展区？"经理反问："这种问题应该由你自己决定，你在市场部负责会展，两辆车占地面积有多大，间隔应该多大，不是你的工作范围吗？如果什么都要我告诉你，公司雇佣你来做什么？"

经理突然发了这么大的脾气，淑敏觉得非常委屈。然而问题不能置之不理，她决定去问资深的同事，就像读书时在学校向学习好的同学请教一样。可是淑敏不知道的是，她前脚带着同事的建议离开，同事就撇嘴："高材生连这点事都做不好。"

不久之后，公司换用ERP系统，淑敏完全不知道怎么登录操作，只好请教IT部同事。可当时IT部门同事正为某个项目忙得不可开交，对淑敏这个忙中添乱的电话本来就没什么耐性，等听明白她问的居然是这么浅显的问题后，直接以一句"操作文档里全部都有"打发她。

看到这里，你大概能看出来，好问的人常常会给上司和同事留下一些负面印象，比如说失职、显得无能、工作态度懒散等。淑敏也正因为这些负面印象而在公司做得不太顺利，后来只好找了机会跳槽。可就在她离职时还是没弄明白，自己明明很勤奋，遇到不懂的问题就问，为什么在大家眼里竟然是个工作不用心的人呢？试想一下，如果你是淑敏，同样的问题会不会也发生在你身上？

遇到这样的问题，要先尝试使用自己的力量解决它，而不是向别人寻求答案。如果你自己能够解决，那么请独立解决它。如果不能解决，这个问题除了请教别人，还有其他的解决方式吗？专业论坛、公司现有资料都是你的好帮手，向这些没有生命的东西求教，更能显示出你的学习能力和独立解决问题的能力。

职场不比学校，没有老师，也没有人心甘情愿做你的老师，你必须勤奋学习，才能有机会消除你心中的疑惑，掌握真正属于你自己的工作技能，当然，这也是需要技巧的，勤学的时候要勤动手、勤动脚，发问的时候要选择良好的时机，不仅可以打消你的疑问，也可以创造和谐的人际关系，甚至可能让同事对你另眼相看。

比如，看看职场前辈在给客户的邮件中如何措词，发报告是如何粘贴附件的，遇到麻烦的事情是如何与客户沟通的。

当你遇到麻烦去请教别人的时候，你需要记住的不仅仅是答案，更重要的是，面对棘手的事情，有经验的人用什么思路来解决问题。作为职场新人，你刚刚开始接触职场的规则和环境，做事情一定不会那么专业。这时候更需要你来观察前辈待人接物的方式，接电话、发邮件都是怎样做的。等你有机会独立做这些事情的时候，才能让人刮目相看，而不是站在那里，让前辈手把手地教。

那么，作为职场新人，该如何勤奋好学呢？掌握下面四个窍门，谦虚地向前辈请教，在职场上你将能快速成长。

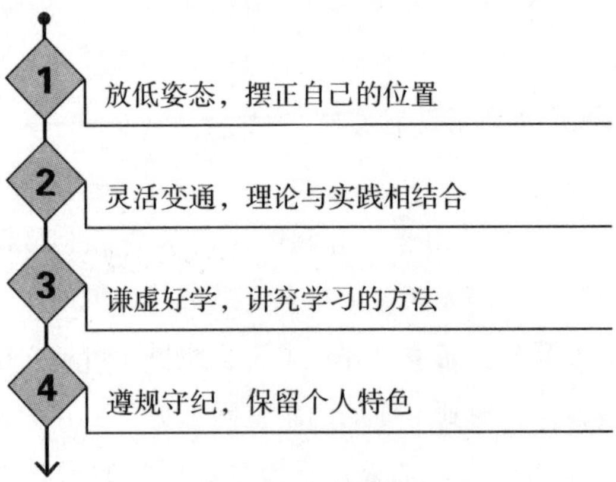

职场新人勤奋好学的窍门

窍门01：放低姿态，摆正自己的位置

请记住，自从你走出学校，进入这家企业，以前在学校任何的荣誉和经历已经成为过去时。你面对是新的未来、新的开始、新的挑战、新的学习，要求更高，压力更大。请不要再沉迷于过去的荣耀和幻想、憧憬之中，而应该学会面对现实，把心态放低，静心学习，踏实工作。

窍门02：灵活变通，理论与实践相结合

过去的学习绝大部分是理论性的、学术性的。进入企业了，更多的是实践性的，直接关乎企业、部门和岗位的实际绩效。需要把你所学习的有价值部分的理论来指导你现在的工作，但不能唯理论；需要你灵活变通，需要兼收并蓄，更多的价值学习部分应该是在工作中的学习，在实践中多请教师傅、前辈和领导。这样学习的东西对于企业创造价值而言，更具有直接的推动作用。

窍门03：谦虚好学，讲究学习的方法

需要毕业生站在一个归零的角度来看到自己的未来，但不等于你要“自卑”，不卑不亢，谦虚好学，这时不要太过于保守、谨慎、小心，否则你会畏手畏脚，不敢放手去工作，不敢挑战更大的困难。新人不缺乏工作的积极性和主动性，缺乏的是经验和方法，需要大胆用心去工作、去锻炼，否则你不会有很大的提高。

窍门04：遵规守纪，保留个人特色

新人身上有很多闪光点，比如有活力、有激情、有新的想法、有创新意识、有被培养的潜质，但不能因为进入企业而被企业“塑模子”的培养模式把这些个性化的东西完全抹杀掉。比较合适的做法是：遵循企业的规章制度、企业文化、规范流程的同时，还应该保留个人特色的一些思维、方法和理念，两者可以融合得很好，根本不矛盾。

能量驿站

职场新人应如何跟老员工学习

关于职场上，老员工应该如何带新员工，并不是要老员工完全负全部的责任。俗话说：一个巴掌拍不响。即使老员工很有责任心带你，而你自己不上进的话，一切都是零。作为一个新人，应该怎么样和老员工学习呢？

1. 自己必须主动，也就是说要有好的态度

平时大家工作都比较忙，你可以主动要求一些事情做，然后利用下班或者快下班的时候，跟老员工一起讨论你做这件事的思路，并听听老员工对你做这件事情的评价，以及他的思路是怎么样的，主动思考自己要怎么改进。在每一天上班之前，可以先把自己的工作安排发给老员工，让他知道你在做什么，什么时候有空，使他能够及时跟进。

2. 健康的秘诀在于早上，成功的秘诀却是在晚上

为什么成功的秘诀在于晚上呢？白天上班大家一个样，下班的时间怎么过就很重要，你是跟朋友吃饭喝酒、聊天、去玩，还是自己努力学习，这是有很大的区别的。晚上的时间，你可以对与老员工学习的东西进行整理，然后自己再查一些相关的资料，自己不断地注入新的思想，这样会使你不断地进步。

3. 自己在做事情的过程中要多问，并要善于观察

要学会分析与对比，自己的做事方法与其他人的有什么不一样，自己哪些方面没有想到，等等。

第四章

4

乐观，启动正能量

能量导读

乐观是一种抱着阳光、积极向上的心态去面对生活的态度。乐观是从正面的角度看事，从积极的角度看人。乐观是一种开放的心态，是相信有舍才有得，相信努力总有结果，相信投入的信心比收获的保证还要重要。乐观是一种发自内心的微笑，是对用善意可以化解所遇问题的确信。

第一节 乐观让你变得更自信

名人名言

假如生活欺骗了你，不要忧郁，也不要愤慨，相信吧，快乐之日就会到来。

——普希金

在职场中，总会有一些人把工作看成一种沉重的负担，或者只是把它看成是一种谋生的手段，一旦遇到困难，他们就悲观消极，就会抱怨，就会失去解决问题的勇气，就会想要逃避甚至放弃。

事实上，工作还是一个展现才华、考验智慧的舞台，它是一种责任和使命，也是考验一个人解决问题的能力、应变能力和协调能力的途径。因此，职场新人在工作中，无论遇到什么困难，都要以乐观向上的态度来对待它，尽可能快地寻求最有效的解决办法。

无论我们从事什么职业，工作的本质不是为了工作而工作，而是一个享受工作、实现价值的过程。以悲观心态来对待工作的人，会觉得职场是黑暗的，工作是漫长而无聊的，甚至痛苦的。而以乐观心态对待工作的人，则会热情专注地投入其中，即便遇到再大困难和阻碍，他们也会积极应对，轻松解决。

依琳和子怡是同时进一家公司的两个新员工，她们当时应聘的职位都是财务会计。依琳性格比较柔弱，有一点多愁善感，在工作中遇到困难时总爱唉声叹气。而子怡则性格开朗、乐观大方。

财务工作是比较琐碎和麻烦的，两个新人都算比较耐心、认真，因此，领导对她俩都挺满意。后来公司做年度财务总账的时候，发现遗漏了一些重要的数据，而那些数据因为一些特殊的原因无法再找到原始资料，只能重新计算。这项任务交到了依琳和子怡的手上。由于那笔账是她们没来公司之前就有的，她们都不清楚当时的具体情况，所以做起来非常困难，需要加班加点来赶工。一到下班时间，依琳总是抱怨地说："唉，又要加班了，真不知道什么时候才能干完！"而子怡则觉得这次机会刚好是对她的磨炼和考验，顺便还可以长长经验，而那些困难，她乐观地想，只要肯用心，一定可以解决的。于是，即便是加班，她也是满怀自信地投入其中，集中注意力处理那些琐碎繁杂的数据。一周后，子怡圆满地完成了这项任务，虽然很疲惫，但是她感觉很值得。而依琳呢，还剩下一半没处理完，直到最后她还在抱怨这个工作多么的困难。

结果可想而知，子怡受到了领导的表扬，得到了公司的嘉奖，而依琳则由于消极怠工被公司辞退了。

如果在事情还没有开始做的时候，你就认为它不可能成功，那它当然就不会成功。成功人士与失败者之间最大的差别就是：成功人士始终用最积极的方式去思考，用最乐观的精神和最丰富的经验支配和把握自己的人生，失败者刚好相反。

在工作中，我们应该保持良好的心态，以乐观积极的心态来对待遇到的难题，这样有助于你集中注意力来解决困难；而消极悲观地看待工作中的困难，则只会让其变得更加困难，甚至会让你对工作失去信心和兴趣。

乐观的心态是一种无形却巨大的力量，在工作中的那些困难面前，它可以让你变得自信而勇敢，使你积极主动地攻克难题，得到成功的喜悦；而消极的心态则像是跷跷板的另一头，你低它就高，原本并不是很难的问题，也会变得难以解决。

在职场中，乐观的心态就像是阳光，可以驱走乌云一般的困难和阻碍。因此，优秀的员工懂得培养自己乐观的心态，为自己注入强大的心理力量。那么，我们怎样做才能拥有乐观的心态呢？

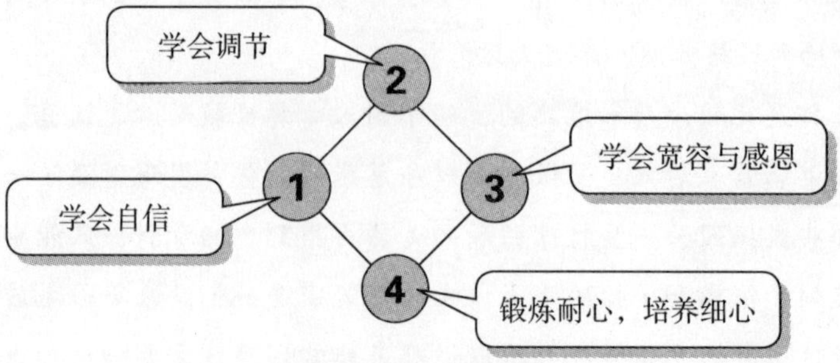

拥有乐观心态的技巧

技巧01：学会自信

要想保持乐观积极的心态，最重要的就是要学会自信。自信的人可以勇敢面对困难，并且主动思考解决的办法，而不会被动地等待别人来处理。

技巧02：学会调节

工作中难免会遇到难以预料的状况和困难，这就需要我们不要害怕那些困难，应该学会及时调整自己的心态，并且学会自我暗示，凡事不往坏处想，多往好处想。

技巧03：学会宽容与感恩

注意培养自己的宽容心和感恩心，胸怀宽广的员工更容易拥有积极乐观的心态，遇到困难时通常不会逃避，而是积极想办法解决。

技巧04：锻炼耐心，培养细心

工作中遇到困难并不可怕，要学会放松心态，用耐心和细心来处理，如此，即使困难再大，你也可以很轻松地应对。

能量驿站

职场中最好不要有消极的心态

无可否认，每个人都有牢骚。职场上的不满，大多来自所得与所付的失衡、自我价值的实现受阻、人际关系的受挫。而牢骚者之所以不被人喜欢，是因为会令听者陷入情绪的焦躁，不仅令自己，也令周围人失去行动力。无论你在抱怨什么，你都在传递一种负面情绪。

职业指导专家提醒，过多的抱怨会给人们的身心健康带来消极影响，不停地向别人抱怨也会留给别人非常消极负面的印象。在职场中，积极正面的情绪及行为举止是职场人需要具备的基本素质，也是职场人职业发展的助推剂。职场人应能够在工作中、生活中散发出积极正面的能量，化抱怨为抱负，而不应只是一味地消极应对。

在人生的整个航程中，消极思维者一路上都是晕船，无论眼前的境况如何，他们总是对将来感到失望。在消极思维者眼中，玻璃杯永远不是半满的，而是半空的。他们预期会得到人生中最糟糕的结果，而且事实也确实如此。因此，职场新人在职场中，一旦自己有消极的思维一定要及时排解掉，调整好自己的情绪，将消极抛开。带给身边的人，一个积极的你、一个正能量的你，是一种工作态度，可以促使职场人积极向上，提升自己，有益他人。

第二节　乐观让你勇敢面对挫折

名人名言

当遇到挫折和困难时，需要保持乐观健康的心态。

——周海中

每个人都渴望幸福快乐、一帆风顺，然而生活却错综复杂、千变万化，而且经常遇到让人抓狂的事：

比如，当你几经奔波，终于找到了一份工作，正在放开手脚展示聪明才智的时候，却突然发现，自己的工资比别人少了几百元；当你好不容易把一件事情做得快要成功，正在节节推进的时候，却突然听到有人背地里说三道四，心里好不窝火；当你怀抱善心为他人排忧解难的时候，却因为一点误会，遭到他人的讥讽，甚至好心没得好报……于是，就会为了几百元钱而耿耿于怀、闷闷不乐，甚至想到消极怠工甚至辞职不干；或是放下正在做着的事情，把精力用去应付闲言碎语；或是为一点儿误会而纠缠不清……

生活的道路崎岖不平，难免有挫折和失误，也少不了烦恼和苦闷。只有保持积极乐观的心态，才能使我们迎战突如其来的挫折，不被挫折所击跨。也只有这样，我们才能从挫折中获取有益的经验和教训，继续走上成功的道路。

两个工程师合作承担了一个研究项目，在项目即将完成的时候，他们做了一次试验，结果出乎意料，失败了，他们从中发现了一些以前未曾预见的问题。面对失败，一个工程师陷入了深深的自责之中，甚至怀疑自己是否还有无完成这项研究的能力。而另一位工程师却为此感到欣慰：幸好是在项目投入前发现了问题，这样可以在这个项目投入实际运作时避免许多错误，于是他再次投入到了项目的研究中，最终顺利完成这个项目，并获得巨大成就。

职场中遇到挫折在所难免。只是有的人很快就从挫折中站起来；有的人会自怨自艾，怨自己怎么老是这么倒霉，宁愿为已经泼翻的牛奶哭泣却不曾想到要尽快做调整；而有些人挫折之后则会一蹶不振，一下子就把自己定义在失败之列。

挫折是个体在满足需要的活动中，遇到阻碍和干扰，使个体动机不能实现、个人需要不能满足的一种心理感受。现代生活中，每个人都可能遭遇挫折。

比如，你所在的公司突然宣布要裁员，而你可能就在那名单中；每日辛苦地工作，公司却认为你的付出一钱不值，做出的业绩也被一下子否定掉；虽然付出了很多努力，却发现怎么也不能把你的工作做得很好；换了很多工作，却一直找不到真正适合自己的工作；等等。这些都是每天都有可能发生在我们身边的事。

面对这样的困难和挫折，许多人常常会痛苦、怨恨、自卑，失去希望和信心，心中充满挫败感。

在职场受挫后，如果你不能及时调整，而使心理失衡，不仅影响自己的工作、生活，还严重影响人的健康。而你同时也给身边的人以负面影响。

对于职场人士来说，应对挫折的最好办法就是用积极乐观的心态，加上灵活的头脑，避免挫折感的产生。

职场中，乐观的心态很重要。乐观的职场心理能够让你在职场斗争中变得更加强大，乐观的心态对于任何一个职场中的人来说，都是必须要拥有的，否则你的职场路就会变得很艰难。其实也不算困难，掌握下面几个法则，可以帮助你迅速找到乐观的自己。

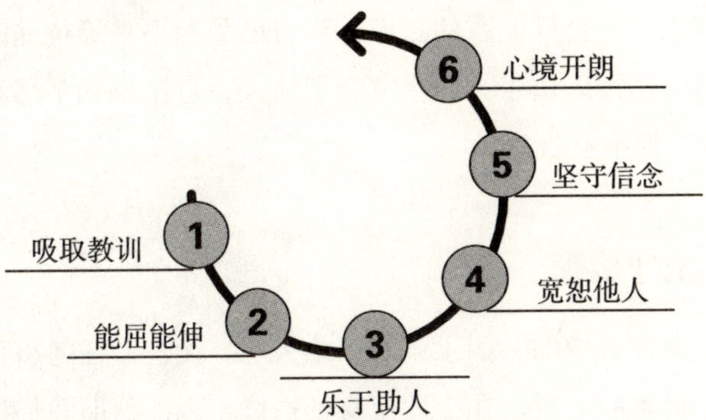

找回乐观的法则

法则01：吸取教训

面对失败和挫折应该从中吸取教训，勇往直前。拿破仑曾说，世上没有所谓的失败，除非你这样认定。每一个挫折都只是短暂的，除非你就此放弃而让它成为永恒。其实，失败能够让我们更富有经验。每次我们尝试去做，但没有成功时，都可以学到一些东西而有助于我们完成最终目标。

法则02：能屈能伸

对待生活的态度应该是处之泰然，人的一生难免会遇到意想不到的打击或其他不幸，要客观地对待、随遇而安。相信困难总会过去，只要不消极，不坠入恶劣情绪的苦海，就不会产生偏见、误入歧途，或一时冲动破坏大局，或抑郁消沉，振作不起来，只有真正通得过命运考验的人，命运才会赐予他成功。

法则03：乐于助人

帮助别人，与人关系融洽，自然就会受人尊重，自己也会因此获得快乐。我们从别人那里得到时，会觉得快乐；但当我们在给予别人时，会感到更大的快乐。因为助人的表现是无保留地奉献，而其结果却是无偿地索取。当我们在送给别人一束美丽的玫瑰时，自己手中也留下了最持久、最浓郁的余香。

法则04：宽恕他人

宽容是一种艺术。宽容别人，不是懦弱，更不是无奈的举措，而是关怀体谅，是建立人与人之间良好关系的法宝。当自己受到不平等待遇时，学会宽恕他人，能使生活增添许多快乐。因为宽容了他人，自己得到了感激，心情和灵魂也将在宽容的过程中不断升华。

法则05：坚守信念

信念，是蕴藏在心中的一团永不熄灭的火焰。无论做任何事情，都必须坚守自己的信念。信念的力量，在于即使身处逆境，也能帮助我们扬起前进的风帆；信念的伟大，在于即使遭遇不幸，也能召唤我们鼓起生活的勇气。自己把自己说服了，是一种理智的胜利；自己被自己感动了，是一种心灵的升华；自己把自己征服了，是一种人生的成熟。

法则06：心境开朗

任何时候都不要“闭关锁国”，用良好的心境去对待可能遇到的状况，从而用更加积极的态度去应对生活中所发生的一切，把应当做的事情做得更好，珍惜现在的拥有，品味其中的滋味，我们的幸福感会油然而生，心态也会积极乐观。

一个人工作几十年，不出现问题几乎是不可能的，关键是要学会积极主动地去处理问题，调整自己的心态，避免因为一些暂时的挫折而影响到今后的工作生活。

挫折，让人心惊，让人胆寒，让人不知所措。遇到挫折，一旦灰心丧气，成功之举将不属于你。只有坚持不懈，勇往直前，以乐观的态度面对挫折，那么，胜利是举手可得的。

能量驿站

身在职场如何保持积极乐观的心态

如果你真的想要成功，你的头号任务就是要建立并且保持一种积极的心态。当你有了乐观的心态，充满了希望和热情，你的机会就会更多，问题就会更少。

如果你是一名领导者，积极的心态会把人们吸引到你的身边，鼓励他们竭尽全力。可是如果领导者的心态是负面的，就有可能迫使其他人因为恐惧采取行动。更重要的是，如果你总是感到消极的话，成功又有什么意义呢？记住这一点，下面就是关于如何保持你积极乐观心态的方法。

1．行动总是要有目的

在你采取任何行动之前，弄清楚它对你的大目标有什么帮助。如果两者之间没什么联系或者关联很弱，那么就把它从你的待办事项列表中划掉吧。漫无目的的行动只会浪费时间和精力。

2．每天都突破极限

日复一日的重复令人沮丧，即使重复的事情在过去是成功的。成功就像是体育运动，如果你不能突破自己，你就会变得迟缓而脆弱。

3．在采取行动的时候不要想着结果

尽管你会自然而然地根据你希望得到的结果做出决定并采取行动，可是在预估结果时，在不能得到这样的结果的时候感到沮丧，这仍然是一个很大的错误。你应该全力以赴但是不应该沉迷于目标。

4．利用挫折来提高你的技能

在你失败的时候，与其感到挫败或者觉得被拒绝，还不如回头看看你的行为，看看你能做些什么来改善你的表现。记住：你获得的结果是你通往目的地的路标。

5．找一些人分享你的积极心态

这是一个科学事实：你的大脑在自动地模仿你周围的人的行为。（这是由于被称为镜像神经元的存在）。因此，你应该让自己身边围绕的都是心态积极的人，并且注意避免那些心态过于消极的人。

6．不要太把自己当回事

如果你希望变得更幸福，那么让你周围的人感觉更舒服，就培养自嘲的能力吧。如果你不会（或者不能）自嘲，我敢保证和你一起工作的人会在背后笑话你！

7．原谅他人的局限

高标准很重要，但是人类也只是人而已。仅仅因为其他人完成的工作不像你认为自己能够完成得那样好，或者其他人无法怀着和同样的热情分享你的愿景就让自己痛不欲生，那简直是疯了。

8．更多地说“谢谢你”

要具备“感恩的心态”不仅仅需要意识到你生命中的美好，你还必须而且应该感谢其他人对你的馈赠，即使馈赠的仅仅是一个微笑。

第三节　乐观让你离成功更近

名人名言

乐观是希望的明灯，它指引着你从危险峡谷中步向坦途，使你得到新的生命、新的希望，支持着你的理想永不泯灭。

——达尔文

虽然每个人都具有潜在的能力，但是其成败得失大部分都是受自己的心态所制约。良好的心态可以让困难者渡过难关，让自信者加快成功的脚步。

如果你曾细心观察过周围的成功人士，你会发现，他们中大多数人都拥有乐观的秉性，而那些怨天尤人、吹毛求疵的人通常容易陷入平庸无为的沮丧境地。

小时候，每次考试之后，总有几个成绩不理想的女孩哭得一塌糊涂，急得周围的同学们搜肠刮肚地想法子劝解。她却是个例外。成绩一向突出的她即使偶尔失手，大家也丝毫看不到她的失落和难过，挂在她脸上的始终是开心爽朗的微笑。时间一久，班里的同学都明白了一个事实——想让太阳从西边出来有可能，想让她放弃自己的乐观根本不可能！

几个要好的女同学私下里问过她：“你考试成绩不好的时候不伤心啊？怎么就没看见你哭过鼻子呢？”她脸上仍旧挂着蜜一般的微笑：“谁也不能时时刻刻都出类拔萃，只要我尽力做到了最好的自己，那就够了。全力以赴地付出过，剩下的就是乐观地面对生活。”

后来，她身患重病的父亲去世了，家里的生活一度拮据到了极点。有时候她一天只能用一个面包勉强充饥。然而，即使面对如此恶劣的环境，擦干眼泪的她仍旧面带笑容继续生活，并且在学业上取得了骄人的成绩。

十几年之后，已经成为上海电视台当家花旦的她，生活有了巨大改变——拥有一份人人羡慕的职业，还自己买了房子，事业、生活一帆风顺。就在此时，中央电视台突然向她发出了邀请。一方面是已经拥有的不小的成功，依靠几年辛苦打拼才积攒下的人脉和地位；一方面是一个全新的发展机会，却要面临着一切从零开始的挑战。经过慎重考虑之后，她还是毅然选择北上，在竞争异常激烈的中央电视台开始了新的打拼。

刚刚来到北京那会儿，是她人生最低落、最压抑的一段日子。在那段最苦最难的日子里，她没发过一句牢骚，也没有丝毫的抱怨。她告诉家人和朋友，自己已经尽全力做到最好的自己了，如果不能成功，也该轻松快乐地去面对。她的乐观感染了身边所有的人，大家不再多说什么，只是力所能及地多给她一些帮助。

很快，人们开始被电视里一个叫欧阳夏丹的女孩吸引了。她俏皮的语言、乐观的性格、专业的主持能力，给越来越多的观众留下了深刻的印象。这个累得几乎虚脱，还在调侃着“黑夜给了我黑色的眼圈，我把它奉献给《第一时间》”的女孩以其独特的魅力迅速成为央视知名主持人。

“汽球里充满了比空气轻的氢气，它才能飞上天空。”在谈到自己成功经历的时候，欧阳夏丹用一句话来总结自己：“我的身体里充满了快乐轻松的生活理念，所以我能飞翔。”

能够保持乐观态度的人也就是最可能在困境中坚持下来的人。没有哪一个人的生活和事业能够一帆风顺，当负面影响到来的时候，除了坚定的决心，那种以苦为乐的乐观情绪也是非常必需的。

保持快乐的心情，并且用这种情绪去感染你周围的人，积极的态度会让人们相信你的努力，即使在逆境之中，乐观的人也会满怀希望。超级乐观的人总能化险为夷，就是因为他们总是抱有“我能行”的乐观心态。

一个乐观的员工，在平时敢于肯定自己的优点，遇到困难或挫折时，以积极的心态尽快找出解决的办法，而不会自怨自艾。他们相信，只有自己充满信心，你的老板才能对你也充满信心。

面试时，有的面试官会问你“你觉得自己的性格怎么样”，这点说明了性格在职场中也有一定的影响力，而乐观的心态能够让你在职场斗争中变得更强大。心态决定一切，这句话我们应该都很熟悉，乐观的心态对于任何一个职场中的人来说，都是必须要拥有的。否则你的职场路就会变得很艰难。那么，如何才能找回乐观的心态呢？

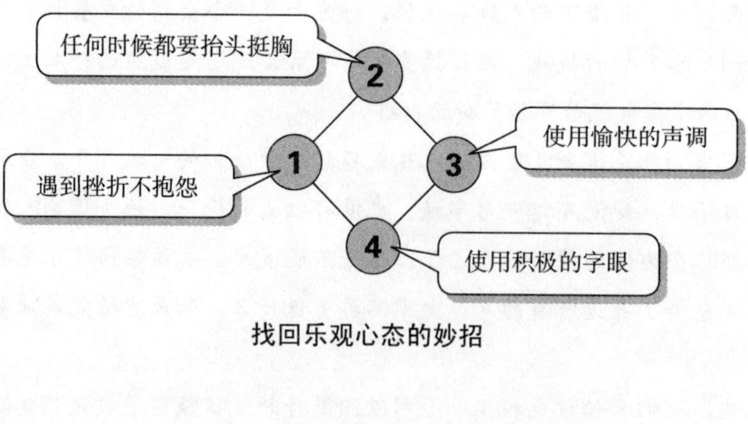

找回乐观心态的妙招

妙招01：遇到挫折不抱怨

挫折是每个人都会遇到的，选择抱怨的话，只会让你的生活变得一团糟，让你变得越来越悲观。乐观的人在面对挫折的时候，不会去怨天尤人，他们更多的是在寻找解决问题的办法。在遇到难题或者挫折时，只要把目标往积极的方面想，不去抱怨，多想想问题的解决办法，你会发觉自己的挫折忍受力将大为增强，而更容易从逆境中走出来，回归幸福。

妙招02：任何时候都要抬头挺胸

平时站立的时候，礼仪上都讲究抬头挺胸，这样让人看起来比较精神抖擞。可见身体的动作是最能表达心理的一种方式。再从另一个角度来看，当一个人抬头挺胸的时候，呼吸会比较顺畅，而深呼吸则是压力管理的妙方。所以当你抬头挺胸时，会觉得比较能够应付压力，当然也就容易产生“这没什么大不了”的乐观态度。

妙招03：使用愉快的声调

在沟通的时候，要学会怎么说。或许你很有思想，但是你该怎么表达才能让别人听懂并赞同你的观点，这时怎么说就是重点。“怎么说”的部分，包括了语调、脸部表情和肢体动作等。而常被人忽略的是，我们的声音其实是有表情的。如果你细心观察的话，就会发现外国人在交流的时候，身体的语言是相当丰富的，而我们中国人大部分都是用同一种语调来表达一件事。所以用愉快的语调说话，你也会变得很愉快。

妙招04：使用积极的字眼

我们自己说的话常常会影响自己的情绪，一般而言，在日常生活中所使用的字眼可以分成三类：正面的、负面的以及中性的字眼。先来说说负面的字眼，例如：“问题”“失败”“困难”“麻烦”“紧张”，等等。如果你常使用这些负面字眼，恐慌及无助的感觉就随之而起。

乐观的人很少会用这些负面的字眼，他们会用正面的字眼来代替。一旦开始使用正面的字眼，心中的感觉就积极了起来，更有动力去面对生活。除此之外，乐观的人也会把一些中性的字眼，变得更正面些。所以说话其实需要字字琢磨，只要改变你的负面口头禅，换成正面积极的字眼，你就会立刻感到乐观幸福起来。

乐观的职场心理会让你不仅仅在职场人际关系上，在职场上的升降之上也会给你很多帮助。要知道，乐观的人总能给别人好的印象，相信你的上司也会喜欢看到一个乐观的，热爱生活的下属。

无论遇到多大的困难，都不要让消极的思想侵蚀你的灵魂。在任何事业中赢得胜利的人，都具有一种炽热求胜的欲望，而这种欲望则是走向成功的第一步。

积极乐观的心态是成功的根本。希望我们每个人都能拥有积极乐观的心态，用积极向上的态度为自己开创一条成功的道路。毕竟，“成功”不是等来的，它只属于适应形势、把握住机会的人们。

能量驿站

职场中如何成为乐观者

当其他人总是关注事情的阴暗一面时，有的人好像拥有一种阳光的个性。他们是天生就这样吗？从某种意义上来说，是这样的，因为每个人天生就有乐观和心理韧性的潜能。人类是由想法、感受和行为组成的，想法控制着我们的感受和行为，我们是想法的囚犯，可以选择自己的想法，通过这种方式，来选择我们全部的人生体验。

乐观能够带来更美好、更长寿的人生。那如何成为职场中的乐观者呢？

1．关注问题的解决方法而不是问题本身

人类的天性会让我们把注意力集中在问题和危险上，这应该是人类进化过程中为了避免成为野生动物的猎物而遗留下来的生存本能。所以有意识地去改变这种想法是非常重要的。任何时候当你发现自己正在关注问题或者自我怀疑，那就问问自己：“我能够做点什么来改变现状？”

2. 给自己一个心灵导师

很多人会在得到鼓励的时候感到更有自信，也表现得更好，因此我们需要想想过去曾经给我们带来启迪的某个人、导师，或者是楷模。如果你正面对一个艰难的任务，问问自己这个人会给你什么建议，他（她）会如何应对这个挑战。问问自己如果是这个人必须要在24小时内完成两份报告，他会怎么做？

3. 每天花30秒的时间想象成功

用日程表来提醒自己每天都完成这个自我意象训练，这个简单的心理训练能够极大地提高你的成功率，并让你心情愉悦。

为了尽可能的有效，你的心理意象训练越具体越好，具体到想象在这个成功的未来你在哪里、做了些什么事。这种方式能够将抽象的人生计划提升为能够影响你对自我和未来想法的真实愿景。

4. 给自己一点背后的支持

当你完成一些任务的时候，可以轻拍一下自己以示鼓励。长期坚持下来，你就可以形成及时肯定自己的习惯。

不要等到你完成一个大项目或者成功做完展示之后才肯定自己，需要及时发现自己一点一滴的成就。每天花几秒钟的时间问自己，今天在什么地方表现得很好。

第四节　乐观才能享受工作的乐趣

名人名言

悲观的人虽生犹死，乐观的人永生不老。

——拜伦

人们常说："工作并快乐着"。工作是一种快乐，而不是苦役。用乐观的心态对待工作，你就会发现其中的乐趣，就会产生奋斗的力量。工作不仅是为了满足生存的需要，同时也是实现个人价值的需要，应该试着将自己的爱好与所从事的工作结合起来，无论做什么，都要乐在其中，而且还要真心热爱自己所做的工作。

两个年轻人到一家公司求职，经理把第一位求职者叫到办公室，问道："你觉得你原来的公司怎么样？"

求职者面色阴郁地答道："唉，那里糟透了。同事们尔虞我诈，勾心斗角，部门经理粗野蛮横，以势压人，整个公司暮气沉沉，生活在那里令人感到十分压抑，所以我想换个理想的地方。"

"我们这里恐怕不是你理想的乐土。"经理说，于是这个年轻人满面愁容地走了出去。

第二个求职者也被问到这个问题时，他答到："我们那儿挺好，同事们待人热情，乐于互助，经理们平易近人，关心下属，整个公司气氛融洽，生活得十分愉快。如果不是想发挥我的特长，我真不想离开那儿。"

"你被录取了。"经理笑吟吟地说。

一味抱怨的悲观者，看到的总是灰暗的一面，即便到春天的花园里，他看到的也只是折断的残枝，墙角的垃圾；而乐观者看到的却是姹紫嫣红的鲜花，飞舞的蝴蝶，自然，他的眼里到处都是春天。

有位太太请了一个油漆匠到家里粉刷墙壁，油漆匠一走进门，看到她的丈夫双目失明，顿时流露出怜悯的目光。可是男主人一向开朗乐观，油漆匠和他谈得很投机，油漆匠也从未提起男主人的缺陷。

工作完毕，油漆匠取出账单，那位太太发现比谈妥的价钱打了一个很大的折扣。她问油漆匠怎么少算这么多。油漆匠回答说："我跟你先生在一起觉得很快乐，他对人生的态度，使我觉得自己的情况还不算坏，所以减少的那部分，算是我对他的一点谢意，因为他让我不会把生活看得太苦，也让我找到了工作的乐趣！"

油漆匠对她丈夫的推崇，使她禁不住泪流满面，因为这位慷慨的油漆匠，自己只有一只手……

态度就像磁铁，不论我们的思想是正面的抑或是负面的，我们都受到它的牵引。虽然我们无法改变人生，但我们可以改变人生观；我们无法改变环境，但我们可以改变心境；我们无法调整环境来完全适应自己的生活，但我们可以调整态度来适应一切的环境。一个人，无论何时何地，只要保持一种乐观的心态，就会发现其实这个世界很美丽、很可爱。一个自尊、自爱、自强的人应该是每时每刻都积极进取、朝气蓬勃的，而不是天天自怨自艾、怨天尤人的。

在你工作时，如果能以精益求精的态度、满腔的热情，充分发挥自己的特长，那么不管做什么样的工作，你都不会觉得辛劳。成功者乐于工作，并且能够将这份喜悦传递他人，使大家不由自主地接近他们，乐于与他们相处或共事。用乐观的心态对待工作，可以体会到其中无穷的乐趣。劳动和工作的过程，是一种享受。

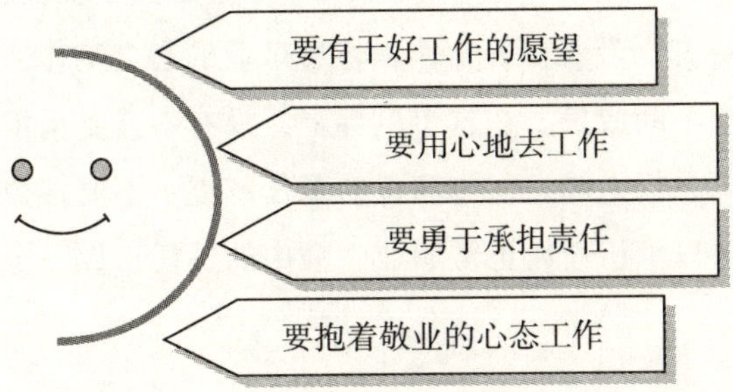

乐观面对工作的心态

心态01：要有干好工作的愿望

要干好工作，必须要有一个积极的心态，首先要有想干好的愿望。只有心态积极，从内心里想干好，才能自觉端正工作态度，务实工作作风，心情才能舒畅，工作才能愉快，才能做到认真负责、一丝不苟，面对困难和问题才能积极主动、想方设法去克服解决，能力水平才会得到锤炼和提升，工作才会变得更加出色。相反，如果持消极的心态，怨天尤人，“老和尚撞钟”，不但会使工作变得索然无味，而且长年累月下来，即使原有的能力水平再高，也会被消极的年轮消损殆尽。

心态02：要用心地去工作

心态最终是要通过具体工作反映出来的，是积极还是消极，就是看是不是真正全力以赴、用心努力去做。要知道工作有价生命无价，一天的工作不努力、不用心就是一天虚度了；一天虚度了，可能一月就荒废了；一月荒废了，可能一年就荒废了；长此下去，一生可能也就因此失去了价值。

当然努力去做、干好工作肯定有艰辛和付出，但越是艰辛、越是困难、越是用心努力去做，越能激发人的潜能，换来的将是不断提升的能力水平和充满自信的人生观。

心态03：要勇于承担责任

你把工作当做什么？仅仅当做一种谋生的手段，每天得过且过，还是全心全意地发挥你的能力，展现你的才智？一个人的态度直接决定了他的工作行为，决定了他对待工作是尽心尽力还是敷衍了事，是安于现状还是积极进取。

只有调整好心态，带着爱去工作，怀着敬业的心去工作，才能在岗位中体会乐趣，在岗位中不断成长。在这个世界上，没有不需要承担责任的工作，相反，你的职位越高、权力越大，你肩负的责任越重。不要害怕承担责任，要下定决心，你一定可以承担任何正常职业生涯中的责任，你一定可以让别人完成得更出色。

心态04：要抱着敬业的心态工作

生活有时候并不如我们想象中的那么美好，面对人生的不公，不可强求，安心做好自己的事情就够了。面对人生的不如意，不必抱怨，相信它会以其他形式，在其他方面补偿你。

要常常反思：如果我不做这个工作我还能干什么，还会干什么？如果我做不好现在的工作，我也不可能做好别的事情，更谈不上敬业了。如果你老是抱怨这抱怨那，就会使你丧失工作的活力与激情，停滞了迈向优秀的步伐，归于平庸。因此消灭负能量，不仅能令你工作得更加愉快，而且所获得的帮助也更多，工作也会更加出色。

当你抱着敬业的心态，去面对身边的每一项工作，就会发现，每一件事情都对自己有着深刻的意义。当你将敬业当成一种习惯时，能够从中领悟到更多的知识，积累更多的经验，能从全身心投入工作的过程中找到更多的快乐。

只有保持积极的心态，工作才能日益出色；只有上下保持积极的心态，才能富有创造性地开展工作，单位才能在改革发展的快车道上更强悍；只有每个人工作出色，才能以局部小胜促全局完胜，单位的明天也就一定会更加美好。唤醒正能量，激发内心强大力量，是支持你顽强工作的发动机，是帮助你不断成长的原动力。

积极乐观起来，唤醒正能量！

能量驿站

职场上，乐观与悲观对待工作的区别

生活中会有一些人对于在生活和工作上出现的小事情都会觉得很悲观，而有的人面对这样的事情却觉得没有什么，还是能够快乐地面对生活，两种截然不同的心态决定了面对困难挫折的态度。因为心态不好的人在做事情的时候会畏首畏尾，自然事情似乎就是真的向不好的方向发展了，但是对于乐观的人来说，积极地解决事情，会发现这样的事情真的是很容易解决，不过如此。导致的循环就是悲观的人更悲观，乐观的人更乐观。

而且根据一些科学的调查研究发现：就是悲观的人和乐观的人在学习一种新东西的技能和知识的时候也会存在很大的差异，一般来说悲观的人对于事情基本上就是做到符合要求即可，但是对于乐观的人来说往往会想要不断地超越自己，一般会将事情做到超过能力所及的地步。所以说不同生活态度在工作中的影响也是不一样的。

这主要是因为乐观的人心里根本就没有成功或者是失败的想法，即使有这样的想法也很少去在意，因此也就不会产生“我失败了”或者“我不会成功”这样的念头，反而这样的人都拥有着很强的自信心，能够在处理事情的时候不断地发挥想象力，期望后面的每一步都能够走得更好。或者因为没有一些思想的束缚，反而更加能够放开手去做事情，以至于成功，因为乐观的特质和不寻常的观念，让他们能够坚持不懈，可以努力地创造

自己的期望价值。

其实生活中很多人对于功成名就很是向往，那是因为他们在过去的时间里还没有足够的成功经验。所以乐观者面对生活中困难和挫折的时候，都会想的就是过去不代表未来，只要走过了，就一定可以。可是悲观者却不这么想，他们担心自己今天要做的事情是不是和过去失败的过往一样，会不会重蹈覆辙，面对挫折的时候都会想自己的能力这么差，是不会取得更好的成绩的。所以悲观者在处理事情的时候更容易失败。其实人的信念是会影响人们要做的事情，当一个人心态好，做工作的时候就会更加积极，成功的概率也就更大。当一个人有着悲观的心态，做工作的时候都是得过且过，这样对于将来的职业发展自然不是很好。所以说，职场上乐观和悲观的心态也会影响工作的成功。

第五章

5

自律，启动正能量

能量导读

自律，指在没有人现场监督的情况下，通过自己要求自己，变被动为主动，自觉地遵循法规制度，拿它来约束自己的一言一行。自律对于个人的事业来讲，发挥着重要的作用，加强自律有助于磨砺心志，有助于良好质量的形成，使人走向成功。

第一节　自律体现在守时守信

名人名言

立志言为本，修身行乃先。

——吴叔达

什么是守时？守时就是比约定的时间早到5分钟，准时只是守时的下限。做一个守时的人，在得到别人尊重的同时，也会给别人一个好印象。

守时是入职者的第一准则，对于具有纪律性的公司来说，入职者首先就要遵守规则，如果，你连做事的基本规则都漫不经心，那么以后的事情该怎么做呢？这不是态度问题，而是一个素质问题。在一些内敛性的公司里，能遵守时间的人是录用的第一选择。

文婷是公司新招聘的销售员，法律专业应届毕业生，面试阶段表现不错，谈吐大方，人也机灵。

由于文婷租住在洪山，而公司在汉口，公司主管建议她在公司附近重新租间房子，公司可承担一半费用，她也一口答应下来。到正式上班时，第一天因为没有预计好车程，文婷迟到四十分钟；第二日，她转车时坐错了方向又迟到了一个半小时。接连两次迟到让主管有点恼火，文婷也主动表示错误，接下来的两天都按时到了岗。出人意料的是，准时了两天后文婷突然不去公司了，致电给主管说要请病假，还申请回老家拿过冬的衣物。

当时主管就表示，给她一个礼拜的时间养病以及租房和回乡拿东西，其间她还主动提出会赶在周六前回汉口参加公司每周六定期的员工培训，让主管感觉此人对工作还有一定的责任心。没想到的是，一周假期结束后，周六培训日并未见到文婷，电话也联系不上，到了隔周周一的下午才接到她的电话，说上午在公司楼下徘徊了一段时间，但不敢上楼。

文婷的如此言行不一致让主管一气之下把她清出了公司的员工QQ群，此举其实是想给文婷一个警戒，并不是就要开除她，谁知文婷竟主动提出无法继续工作，并向公司索要四天的薪水。

目前大多数公司中员工以年轻人居多，八成以上都是“85/90后”职场新鲜人，其中不乏工作认真踏实有责任者，同时也存在像文婷这样“雷人”的个例。眼下不少职场新人在应聘初期，能够借助娴熟求职技巧“包装”自己找到工作。然而一旦上岗进入试用，便很容易暴露出“本性”。

守时是一种美德，这是大家公认的。懂得珍惜时间的人，不仅要珍惜自己的时间，更要珍惜别人的时间。管理好自己的时间，就是让自己无论在做什么事的时候都能够轻松应对、游刃有余。一个守时的人，必将获得别人的尊重。

人际交往中，守时是一种素质。遵守时间的男人，予人以谦谦君子之风；而遵守时间的女性，则更叫人另眼相看。可以设想，永远不懂得守时的人，生活中也一定是过于随性、没有章法的人。

如果说，普通人际交往中尚能忍受不守时的话，那么，职场上的守时，则关乎一个人的品行，经常会被提到“是否尊重他人”的高度来看待。正因为你忙我忙大家忙，所以，每个人的时间都很珍贵，学会守时，就是学会自我约束，是职业化的第一课。

前些日子，公司里的两位同事闹了点矛盾。因为工作中的一些小差错，煜炀负责的一家卖场扣了公司的部分产品，于是销售总监派与卖场熟络的奕凡去打个招呼。次日奕凡叮咛煜炀：我已联系好了，你今天务必亲自去一趟做些诚恳的解释。谁知煜炀那天有事耽搁了，三天后想起来再急急地跑去，对方早已火气冲天，当即以“不知此事”作推托。至此，煜炀与奕凡开始对掐，互相指责。其实是非很简单：只是煜炀没有守时而已。因为没有守时，失了信用，别人感受不到他的尊重和诚意，所以才会越闹越僵。试想，如果煜炀如约而至兼态度恳切，或者打个电话告知不能赴约的原因再另约见面时间，恐怕事情早已小事化了了。

守时这个东西很微妙，与人的修养、个性、成长环境、习惯等很多东西都有关联。

守时是一种美德，代表着礼貌和信誉。德国哲学家康德就是一个守时的典范。

有一次，康德要去拜访他的好朋友——威廉。并说好了上午十一时之前来到。康德借了马车从小镇出发去威廉家。可小镇与农场之间隔着一条河，因为桥坏了马车不能过河。于是，康德找到了一个很旧的房子，并买了下来。拆成木头，来修桥。

很快桥修好了。马车平安渡过了这条河。十点五十分康德也准时来到了老朋友威廉的家。

康德和老朋友度过了一段幸福、快乐的时光。可他对于为了准时过桥而买下房子、拆下木头修桥的过程却丝毫没有提及。

如果康德没有准时到威廉的家，那他失去的是朋友对他的信赖。没有人们对你的信赖，你就失去了朋友的信任。同时你如果在生活中或工作中没有守时，你就失去了信誉。没有了信誉，你就缺少了机会。这证明守时是多么的重要。

许多人因为没有守时而受到惩罚。灰姑娘就是因为及时赶到家，才避免了以邋遢的模样出现在王子面前，不然后果非常严重。

守时是一种美德。你如果是守时的人，那你必将会得到人们的尊重和信赖。

当今时代讲求效率，守时守信更是职场礼仪中的基本原则。工作要依据时间节点完成；会议应按时开始、按时结束。对待时间应“刻板”“一丝不苟”，因为时间就是效率，就是金钱，就是信誉。没有时间观念，注定会失败。

那么在职场中，如何才能做到守时呢？

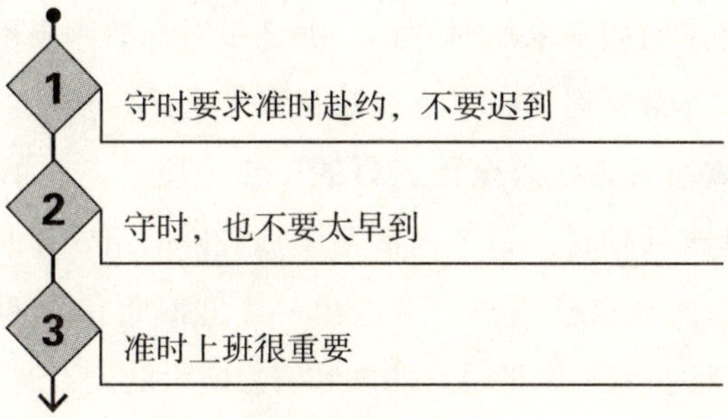

做到守时的窍门

窍门01：守时要求准时赴约，不要迟到

越是正式的、重要的或规模较小的活动，越不能迟到。晚来一点非但不被认为“聪明”“时髦”“显贵”，不能引人注目，反而显得自私自利，不为别人着想，因为迟到必然会影响或打扰他人。

窍门02：守时，也不要太早到

太早到达，主人可能另有安排，或者在物质、心理方面还没有准备好，宾主相见难免会有尴尬。如果抵达较早，应在门外、楼外等待，到了时间再去敲门。

举办会议或活动，主人应早于客人到场，晚于客人离场；客人应准时抵达。会议、活动应准时开始，让客人久候，是无礼的表现。如果客人迟到，主人不要流露出不耐烦的情绪，因为对方不一定是有意而为。

职场女性在参加各类活动前，应先检查该活动与自己的日程有无冲突，并将此记载入册，避免遗忘；赴约时，要加入提前的时间量，以应付各种不测。总之，应事先做好各种准备，有计划，有条理，避免拖沓和忙乱，以显示良好的职业素养。

窍门03：准时上班很重要

迟到是不能得到谅解的行为，因为这表示你对工作不够重视。一些年轻人刚到公司的时候，对公司的规章制度看得较轻，工作上虽十分卖力，但迟到早退却往往是纪律严明的公司所不能容忍的，因为他们认为守时是最基本也是最重要的品质。

假如和人约好了时间却未准时到达，那老板对你的印象不只是大打折扣，而是立刻一落千丈。常常迟到、早退、或是事先毫无告知便突然请假，既会让事情变得杂乱无章，又会妨碍全体成员的工作进度。这样的人无法为他人所信赖的，更无法让老板信任。每个人都希望别人讲信用、守时间，那我们自己又该如何做呢？如何在自己的身边营造出一个守时重信用的氛围呢？借用戴尔·卡耐基的一句话：如果你想结交朋友和有影响力的人，就要准时。

能量驿站

职场中如何做到守时

守时是职场礼仪规范中最基本的要求，通常来讲，一个守时的人会得到大家的信任，没有人愿意和一个总是迟到甚至无故失约的人交往。恪守时间是一个人对待工作和生活的态度，同时也代表了一个人的情商和信任度。那么，职场中如何做到守时？

守时是职场礼仪规范中最基本的要求，通常来讲，一个守时的人会得到大家的信任，没有人愿意和一个总是迟到甚至无故失约的人交往。恪守时间是一个人对待工作和生活的态度，同时也代表了一个人的情商和信任度。那么，职场中如何做到守时？如下：

（1）把手表调快10分钟，这种方法很管用，据说比尔·盖茨就是用这种方法。

（2）现在的手机都有备忘录功能，把自己要做的事、要赴的约提前输入手机，设定时间提醒自己，要是自己做事比较拖拉，那就把时间定的稍微早一点，把可能想到的意外都考虑进去，尽量做到提前到，这样会给别人留下好印象。

（3）将事情按轻重缓急分类，把最紧急的事情放在最醒目的位置，把不是特别着急的事情放在最后，做事有条理，这样便可以井然有序地安排工作与生活，避免因为混乱造成迟到的现象。

第二节　自律体现在提前5分钟上班

名人名言

要比对手提前5分钟抢占制高点。

——拿破仑

上班时提早5分钟到，很多人觉得就那么5分钟，晚到与早到不会有什么不同。然而，当你仔细地去观察一下这两种人，就会发现他们有很大的区别：早到5分钟的员工，可以对今天的工作先有个准备，而迟到或准时到的员工，你会发现他们上班时都有些手忙脚乱，他们的工作效率也自然不如前者。

雨桐和晨豪同为一家公司的实习生，在实习期快结束的时候，他们面临这样一个问题：他们中间只有一个人将被留用，而另一个人只能另找工作。

两人工作起来都很卖力，在工作表现上也差不多，这让经理有些为难，于是经理就开始从一点一滴的小事上来权衡。

在实习期结束的时候，经理也作出了决定：晨豪被公司正式聘用。

雨桐有些不服气，直接找经理，他问："我哪里做得不如晨豪，为什么留下来的是他而不是我？"

经理看着眼前这个血气方刚的小伙子，笑了笑说："我开始的时候也被这个问题难住了。你们的资历一样，工作能力也相差无几，后来我开始在小事情上把你们两个人做比较。我之所以最后留用晨豪，是因为晨豪每天都比你提前5分钟开始工作，也就是说他每天都比你早到一点，也比你更快地进入工作状态。他每天都比你提前5分钟开始工作，你可以想一下，一个月下来，他比你多出多少，也就是说他对工作的准备要远远比你多得多。就是这个原因，我决定留下了晨豪。”

听了经理的这番话，雨桐哑口无言，耷拉着脑袋离开了这家公司。

成功与失败往往只有一步之差，而这微小的差别却决定着人们在社会上将处于什么样的地位。你想要获得成功，就得关注日常工作中的每一个细节，在竞争中找到竞争对手的长处，采取微弱优势战略，只要超越对手一点点，你就会成为优胜者。其实想超越对方并不是什么难事，如果你能坚持每天提前5分钟开始工作，日积月累，你就会离成功越来越近。

成功者之所以成功，并不在于他们有多聪明，而在于他们关注工作中的每一个细节，在每一个别人注意不到的细小方面他们都会特别地注意，因此比别人技高一筹，哪怕是在提前5分钟开始工作这样的“小事”上。拿破仑曾说：“在每一次危机中，一些细节往往决定着全局。”

成功给予每个人的机会都是均等的，问题是机会来了以后你怎么抓住，成功者的人生经验就是“比别人提前5分钟”。比如：等公共汽车，你早5分钟等车，上车后有座位的概率就会比别人大；每天上班提前5分钟开始工作，你就会多出一份准备，同时也多出了一份信心迎接机会来临。

一位卡耐基总部的副总裁来香港给培训老师讲课。培训中心地处铜锣湾，这位副总裁下榻的饭店也在铜锣湾，从饭店到培训中心不过10分钟的路程，可他第一次来上课却整整提前了30分钟。

培训中心的老师有些不解，就问他：“您为什么要提前这么早就来了呢？”

这位副总裁说：“我早到心里踏实，就能镇定一下，就会更有自信。我们搞心理培训的人都明白，如果一旦迟到，就很容易心怀愧疚，在课堂上的发挥以及在逻辑思维、语言表达方面都会大打折扣。”每次培训他都提前出发，这样即使遇上交通堵塞，也有充足的应对时间。

卡耐基总部的这位副总裁总是提前到达培训中心，这多出来的几十分钟不仅可以让他自己充满信心，而且还可以对周围的环境有一定的了解，从中也可以看出他对工作的重视程度。

同样的道理，如果能够提前5分钟开始工作，那么你所收获的不仅仅是比别人多出来的5分钟时间，更重要的，是你拥有了比他人更充分的自信心。在这一天的工作当中，这种自信的感觉会一直包围着你，工作起来也会轻松愉快。相反，如果你迟到了，那么你就会手忙脚乱，糟糕的心情也会整天缠绕着你，有可能即使是简单的工作你都会时不时地出现错误。试想一下，这两种工作心情，你更想要哪一种？

那么，每天提前5分钟上班到底有何好处呢？

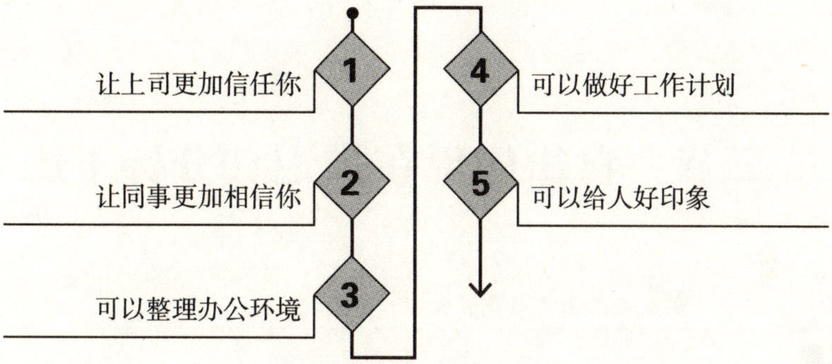

提前5分钟上班的好处

好处01：让上司更加信任你

提前5分钟开始工作，你就会给你的上司留下一个“这家伙真是干劲十足”的好印象。如果有重要工作，上司就会放心地交给你去完成，你也就有了发展的机遇。

好处02：让同事更加相信你

提前5分钟开始工作，你在同事的眼里就会是一个有事业心的人，对待工作认真负责的人，同事之前的合作也会更加顺利。

好处03：可以整理办公环境

提前5分钟到达公司，你就可以整理一下自己的办公桌，也能整理出一天的好心情，这样你做起事来一定得心应手。

好处04：可以做好工作计划

提前5分钟开始工作，你就有充裕的时间计划一下自己当天要做的工作，这样就能使自己做起事来有条不紊。

好处05：可以给人好印象

提前5分钟到达公司，你还能整理一下上班路上凌乱的仪容，让自己在公司有一个好的形象，这样每天都会给人留下好印象。

第三节　自律体现在推迟10分钟下班

名人名言

完成工作的方法是爱惜每一分钟。

——达尔文

很多员工在完成一天的工作之后，到了下班的时间就匆忙离开，他们并没有想到有心人会晚走一点，利用下班之后的安静时间，做一个当天的工作总结，并把第二天的工作准备好。

这就是人与人之间的差异，也是很多人不明白为什么自己也很努力工作，但是上司并不是很看好自己的原因所在。上司的眼睛是雪亮的，他们会留心这样有心的员工，也会特别器重这样的员工，因为在上司心目中，这样的员工相比下班之后匆忙离开的那种，会更热爱自己的工作。

泽楷刚进入一家家居连锁企业，任职总部卖场部。总部卖场部分两个小组，规划组（负责空间规划、样品陈列）和美化组（负责装修装饰、宣传品摆放）。部门有一位经理，两位主管和6名专员。泽楷的岗位是规划专员，负责样品陈列。

由于泽楷之前没有连锁零售的经验，除了向老员工咨询外，下班后，他也会在单位吃饭，然后上网了解下相关的知识。别人问起时，还调侃说“反正没老婆，一人吃了全家饱。还能免费上网。”

一次下班后，部门张经理看见泽楷还在，就让他修改一下部门报告打印出来。泽楷很认真地完成了。这样经过几次，张经理只要下班后有事，都会找泽楷，泽楷也会积极地完成。

慢慢地，泽楷也了解了一些情况。张经理周一早上会参加公司例会、周三早上是经营例会、周五晚上是周总结会；同时，也掌握了一些经营数据和其他岗位的业务知识。于是，他几乎是每天提前上班、推后下班，为经理准备好材料，规划好自己的工作。张经理也习惯了泽楷这个无冕“助理”，甚至还带他参加公司经营会议，最后，连老板也知道了这个勤奋好学、业务扎实的年轻人。

半年之后，规划主管调任某卖场经理，泽楷晋升主管；又过了一年，张经理晋升为营销副总，泽楷晋升规划部经理。

要想成为一名优秀的员工，你也应该像泽楷这样，提前上班、推后下班，最大的获益者是自己，老板和领导、同事也会看在心里、记在心上。他们都会尊重你，因为你重视公司、重视工作。机会永远都是留给有准备的人。

有很多刚入职场的新人，他们一到下班时间就匆忙离开公司，而有心的员工就不会这样，他们在下班之后会静下心来，将一天的工作简单做个总结，制订出第二天的工作计划，并准备好相关的工作资料。这样有利于第二天高效率地开展工作，使工作按时或者提前完成。

那么，在公司里下班后应处理哪些问题呢？

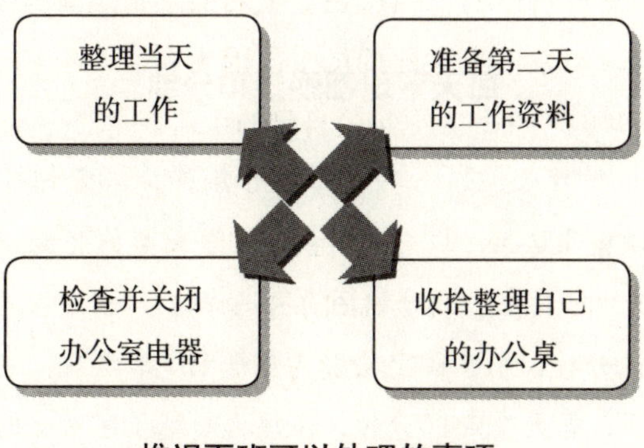

推迟下班可以处理的事项

事项01：整理当天的工作

下班之后，不要急着离开办公室，你可以把当天的工作做一个回顾，看看自己在哪些地方做得还不是很好，并在笔记本上做好记录，这样既可以做到心中有数，又可以避免以后犯同样的错误。

事项02：准备第二天的工作资料

你还可以把第二天的工作准备一下，这样第二天上班的时候，即使来得不是很早也没关系，你同样可以有条不紊地进行一天的工作。

事项03：检查并关闭办公室电器

离开办公室的时候，检查一下空调、电灯、电脑之类的电器是否已经停止工作，窗户是否关闭了，你要把公司当作自己的家一样对待，这样你就会与公司融为一体，工作起来也会更加开心。

事项04：收拾整理自己的办公桌

在离开的时候，一定要把自己的办公桌收拾好，文件放得整齐一些，切不可一堆一堆的，这样你既可以给上司与同事一个好印象，又可以让自己第二天有一个好的工作心情。

能量驿站

每天下班都晚走10分钟

10分钟可以做什么，10分钟可以泡杯热茶，10分钟可以浏览一份报纸，10分钟可以浇几盆花，10分钟可以和同事简单的交谈……10分钟可以做很多事，甚至，每天晚走10分钟还能决定你的命运！

每天晚走10分钟，从字面上理解，是每天下班之后，在办公室里多工作10分钟。然而，每天晚走10分钟，又远远超越了字面上的意义，而深藏着更多的启示着我们成功的黄金法则。

每天晚走10分钟，是一种行动！每天晚走10分钟，是一种围绕着明确目标而进行的主动积极的行动！没有明确的目标，“每天晚走10分钟”对你而言只是一种消耗和煎熬；目标明确，它对你才有意义和价值。

每天晚走10分钟，是一种价值！小时间往往能创造大价值。如何创造？每天晚走10分钟！每天晚走10分钟，即能脱颖而出；每天挤出一小时，即能成就大事；每周抽出一顿饭时间，即能扩大影响力。

每天晚走10分钟，是一种勤奋！用发展的眼光深入解读，“每天晚走10分钟”有两层意思：一是成功没有捷径，唯有勤奋而已；二是付出超人的努力，才有超人的成就。

每天晚走10分钟，是一种积累！要成功，必须从一点一滴的努力开始。只有不断地努力、踏踏实实地付出，才能凝聚起你爆发的力量！积累足够之时，成功水到渠成！

每天晚走10分钟，是一种渐进！在工作上每天多付出一点点，在正确的事情上每天多做一点点，你会离事业上的更高一层越来越接近。终有一天你会发现，自己已站在了事业的最高处。

每天晚走10分钟，是一种习惯！任何较大的成功，都是好习惯的产物。当你把每天的付出养成为一个好习惯后，成功就会降临到你的头上。

每天晚走10分钟，是一种责任！你一定要使自己成为一个值得信赖的人。这是老板的期望，同事们的期望，更是你的前途对你的期望！要值得信赖，主动担当责任是关键。

每天晚走10分钟，是一种效能！效能，是指做正确的事。每个小时，每10分钟，每1分钟，甚至每1秒钟都很重要。把时间尽可能用在做正确的事上面，才会带来高效能。

每天晚走10分钟，是一种卓越！只有卓越的人，才是不可替代的人。卓越者明白：该走的路都走过了，才能到达终点；该做的事都做好了，才能使事情圆满；该付出的都付出了，才能收获最高品质的果实。

当你的工作没有做完，你可以留下加班将其做完；完成了一天的工作，你也可以利用下班后的几分钟来对自己今天的工作进行一个总结，然后规划下明天的工作。但是，如果你留下来的目的仅仅是为了引起老板的注意，想要升职加薪，那么，这就仅仅是作秀，是不值得我们去提倡的。

第四节 自律体现在做到公私分明

名人名言

要敢说真话，反对说假话、不务虚名，多做实事；要公私分明，不拿原则换人情。

——邓小平

有首歌是这样唱的：“最爱吃的菜是小葱拌豆腐，一清二白清清楚楚做人也不掺假。”其实办事和做人一样，特别是在职场中，一定要做到公私分明，公事和私事一清二白。那么怎么才能做到公私分明呢？

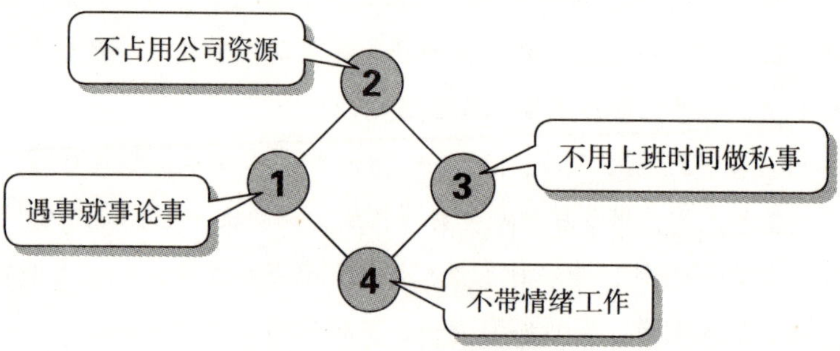

职场中公私分明的原则

原则01：遇事就事论事

现在是讲究个性化的时代，每个人都必须要有自己的个性和特点，因为你的与众不同，才能表现出你特别的价值，才能为公司、为个人创造出个性的天地。所以，在一个团体当中，大家都是为了同一个目标而努力，但是每个人都有自己的特点，这样在同一个问题上就会存在意见和分歧。

这个世界上没有两片一模一样的树叶，也没有两个一模一样的人，即使是双胞胎也会存在差异，所以同事之间为了公事产生分歧和矛盾是很正常也是很普遍的事情。当遇到意见不统一时，一定要表达出来，如果不表达，对方可能认为你就是默认或者同意，这样公司可能会错过一个很好的建议，而你的才能也得不到有效的发挥。这个时候，你就应该立场鲜明地站出来，但是，关键的是公私分明、就事论事，工作上的分歧不能带到私底下同事间的相处。

原则02：不占用公司资源

公私分明还有另外的一个意思，就是不要以为公司的东西就可以随意地浪费，或者用于自己的私事。

骏杰是某公司中国区工程部的经理。每月都会从他的本月电话费清单中勾出自己因私事打的电话，然后让公司从工资中扣除这部分用于私人的电话费。

电话费，看起来是小事，其实却是企业文化的一部分。作为一个员工必须时刻要有公私意识，要有原则性，否则在工作中就有可能公私不分，为个人利益而损害公司利益。

这种公私分明观念，可能外国人做得比较好，以前国足的主教练米卢就是这样一个人，中国足协在北京昆仑饭店为他举行的告别宴会结束后，足协执意派车送他，他却一再婉言谢绝了足协的好意，坚持要求自己坐出租车离开。他认为，他既然与中国足协没有工作关系了，就不应该再使用公务车。

做为职场新人也应该培养起这种公私分明的理念，这是一种优良的品质，其实，占了一点小便宜只是心理上得到了安慰，其实并不能对你的生活有多大的改善，但是在别人看来，你这个人就是非常的自私。避免这样事情的发生，能提高你的声誉，同时自己的认识也在不断地提高。

原则03：不用上班时间做私事

所谓上班时间，就是你有效工作的开始。公司规定，9点钟上班，那么9点一到，就应该处于工作状态。那些吃早餐、洗杯子、泡茶之类的事情，都应该在9点之前完成。上班时间的一分一秒都是公司的，绝不应该因私事而耽误上班的时间。在公司里不要利用上班时间做私事，也不可趁机用公司所提供的办公场所、设备（如电话等）办个人的事情，更不可溜出去做自己的事，这就是做事的原则和做人的底线。

占用上班时间做私事、在公司打私人电话，这些事同拿公司的一张纸或一支圆珠笔一样，都是贪占公司的小便宜，从这些小事中可以看出一个人的职业品德。注意这些细小之事，是公司对每一位员工最基本的要求，不要认为这是无伤大雅的小事。

曾经有段时间，网上有个话题讨论，是关于公司在员工电脑中安装监控软件的问题。有人振振有词地反对，说个人电脑里的信息属于个人隐私，公司无权查看。其实也不尽然，既然你跟公司签订了劳动合同，那么上班的8个小时都是属于公司的，都应该干公事。大家都知道劳动法有规定，上班时间受伤属于工伤，公司是要赔偿的。同理，上班时间也只能干公事，这是一个职业人最基本的做事原则。

一些人利用上班时间聊天、谈自己的私事，再带点情绪，一天8个小时，几乎用了一半以上的时间做自己的事，而工作一点也没做。这样的人实际上是在侵占公司的财物，浪费公司的资源。事实上，这是一种对契约的违背。你既然和公司签订了劳动合同，拿取了公司支付的薪水，就应该按照契约付出劳动。

原则04：不带情绪工作

问起走出校园的学生，很多人都有这样的感觉，就是来自各方面的压力都很大，当然烦心事也多，每个人都会遇到各种各样的烦恼，它们困扰着人们的生活。所以，在生活中遇到不开心的事就很容易把坏情绪带到公司，影响工作心情。

聪明的上班族们要打消这种坏情绪，麻烦固然避免不了，可是别让坏心情影响到工作，进而影响到你的前途。可想而知，一个上班想着个人私事，整天心不在焉的员工工作时不能一心一意，工作效率、质量必定受到影响，这样的下属怎么能得到老板的器重？

一个小家庭里，丈夫在外工作，妻子在家里操持家务，每天下午等着丈夫回家。

可是丈夫每天下班回家都是情绪低落，要么板着脸生闷气，要么数落公司的事情怎么不好。妻子看见他这个样子，不仅心情受其影响，也为丈夫担心。

一天，丈夫下班回来，自家门上贴了一张幽默漫画，还有几行简短的俏皮话，其中有一句话是："甩甩头，抛开不快，面带微笑，别把工作情绪带回家。"他看了，不由得笑了笑，进了家门没多久，又开始抱怨起来。

于是妻子对他说："你这样上班带着家庭琐事去公司，下班又带着公务烦恼垂头丧气进家门，久而久之，人变得烦躁、颓废，工作生活都受到坏心情的影响，不良情绪牵制着你，两者互相干扰，这样，你又怎么能够开心工作、快乐生活呢？上司又怎么能看好你呢？"

他沉思着，决定第二天试着改变自己。他也用同样的方法在办公桌显眼的地方贴上图片，每天都提醒自己，一段时间以后，妻子发现他有明显的改变，变得开朗、快乐，他自己也感觉到自己身上的变化，工作越来越积极，和同事相处融洽多了，老板也时常表扬他。于是他更有信心把工作做好，争取能上新台阶。

总而言之，公事和私事混为一谈就会破坏两者的关系，使两方面都达不到双赢。不管是对待公务或者是同事，都要有一个正确的认识，分清是非和轻重，不要糊里糊涂地一把抓，处理好自己的情绪，逐渐地，你的素质也会有提高，而且还能得到同事的好评，这样就能快乐工作、快乐生活！

能量驿站

职场新人要学会公私分明

作为一个职业人，懂得"公私分明"是很关键的生存技巧。譬如年龄、学历、经历、爱情婚姻状况等要分"公开"与"隐私"两大类，学会保护自己立于安全地带。

（1）不要在公司范围内谈论私生活，无论是办公室、洗手间还是走廊。

（2）不要在同事面前表现出和上司超越一般上下级的关系，尤其不要炫耀和上司及其家人的私交。

（3）即使是私下里，也不要随便对同事谈论自己的过去和隐秘思想。除非你已经离开了这家公司，你才可以和从前的同事做交心的朋友。

（4）如果同事已经成了好朋友，不要常在大家面前和他（她）亲密接触。尤其是涉及工作问题时要公正，有独立的见解，不拉帮结派。

（5）对付特别喜欢打听别人隐私的同事要“有礼有节”，不想说的可以礼貌坚决地说“不”，对有伤名誉的传言一定要表现坚决的反对态度，同时注意言语还要有风度。如果回答得巧妙，不但不会伤害同事间的和气，又保护了自己不想谈论的事情。保护隐私一来是为了让自己不受伤害，二来是为了更好地工作。当然也没必要草木皆兵，但凡工作之外的问题全部三缄其口，这样便很容易让人以为你这个人不近情理。有时候，拿自己的私人小节自嘲一把，或者和大家一起对别人开自己的无伤大雅的玩笑，呵呵一乐，会让人觉得你有气度、够亲切。

第五节　自律体现在少说多做

名人名言

言多必有数短之处。

——《鬼谷子·本经符》

少说，并不是让我们不说，而是让我们说该说的话，恰如其分地说话，绝不可胡说、乱说。古语有言：君子三缄其口。古语亦有云：不得其而言，谓之失言。身在职场，如果你不能够确定自己要说的话对人、对事是否有益无害或者利多害少，那就不如不说。因此，在工作中，我们应该多做少说，踏实做人。

也许有人会说，少说多做会吃亏的！其实不然，身在职场，如若能够真正做到少说多做，那你一定会更容易成功。

伊涵是天津一高校广告专业应届毕业生。5月，她顺利被一家广告公司策划部聘用。

一进公司，从着装到言行，伊涵表现得很低调。她总是一件休闲衫，一双运动鞋，闷闷地坐在办公室上网看书查资料，“开始上班时，我们还以为她是实习生呢！”同事这样说。

6月初，策划部业务例会上，十多名员工各抒己见，伊涵静静地聆听，并做好记录。老总问道：“伊涵，你有什么要说的吗？”她谦虚地摇摇头，微微一笑。就这样，近一个月里，她细心观察，潜心研究，少说多做。

6月15日，公司接到天津某高校一个大型活动的策划项目，该项目时间急，要求高。18日，策划部员工开会研究方案，会议持续了近3小时，无果。

伊涵得知策划案的内容后，花时间在网上大量翻阅资料，并结合自己广告策划的专业知识，3天后，她将自己的方案做成一份正式策划书，递交给负责人过目。负责人看后，连声称好：“策划书思路清晰，目的明确，有创意，就照这个方案办！”此后，该公司顺利完成这一项目并获利，伊涵也获得了大家的赞扬。

少说，就是让你有自己说话的原则，明白什么该说，什么不该说，什么时候该说，什么时候不该说。职场中总有人喜欢发些牢骚什么的，殊不知，有时不经意的一句话就可能把你卷入复杂的人事斗争之中。所以，多说无益。那么在职场中，我们如何做到少说呢？

1. 尽量不说话：不说话安全，而且给人留下持重、非同凡响的印象。凡事能不说就不说，尤其是与自己无关的事，不要说。少说为佳，话点到为止，并不是不说

2. 尽量少说：在不得不说的情况下，尽量少说，不夸夸其谈，不乱讲滥说，不信口雌黄，不乱发议论。言多必失，多言多失，少言少失，不言不失

3. 不传流言：世上没十全十美的人。随随便便说人短处，轻轻松松揭人隐私，不仅影响团结，而且足以表现你为人的卑鄙。听到流言，到我为止，一听了之，不做传声筒，不向外传播，不记于心间

4 不说空话

说到做到，不空谈。这是人的道德内涵所要求的，整天空话连篇，不干实事，那最终也是一事无成。爱因斯坦说过：“成功=行动+正确的方法+少讲空话。”

5 不说假话

马克·吐温先生说过：“我们千万不能说假话，因为我们不知道何时需要讲假话！”假话一旦被揭穿，便会失去做人的信任。假话说多了，会变成说话无人听，办事无人理，成为大家厌烦的人

6 会说话

也就是在适当的时间、地点、场合说出恰当的话，也就是说把话说对时间，说对地点，说到点子上，能把直话说圆，说得头头是道，妙语连珠，人人爱听，个个喜欢

职场中少说的原则

多做，就是要求我们迅速有效地去工作。面对工作中的每一项任务、每一个细节，我们都要高标准地要求自己：尽自己最大的努力，在最短的时间内把工作做到最好！在工作中，一定要勤恳做事，踏实做人。切不可小看工作中的任何细节，有时候，一件小事往往会给人留下良好的印象，甚至意味着一次晋升的机会。

千里之行，始于足下。如果我们想获得成功，就应该要少说多做，踏踏实实做人，要多着眼于工作中的细微之处。

曾经有一位科学家做了这样一项调查研究：他研究的对象是一批受过训练的保险销售员。这位科学家把保险销售员中成绩最好的10%和成绩最差的10%做了一下对比，结果发现两者的业绩相差确实很大。那么，受过同等训练的人，为什么会产生如此大的差异呢？科学家又针对他们在推销时的说话时间做了调查研究，结果发现：业绩差的那一部分人，每次推销时的说话时间累计平均为30分钟，而业绩最好的那一部分人，每次推销时的说话时间累计平均只有12分钟。

为什么只说12分钟的推销员却会取得比说30分钟话的人好得多的成绩呢？

其实道理很简单，正因为他们说得少，所以他们听得也就多了。而在他们倾听的过程中，他们就会获得很多对于推销来说很有用的信息，并且，在他们倾听的同时，也可以思考、分析顾客各方面的信息，然后，他们就可以针对顾客的各种疑惑，揣测顾客内心的想法，从而找出解决问题的方法，这样一来，自然而然就会创造出优秀的业绩来。

然而，在现实中，职场中的很多人都容易犯这样的毛病，一打开话匣子就难以再止住。其实，这样一来，反而会得不偿失。话说得太多，既会浪费你的精力，又会给他人传递太多的信息，甚至还会因此而伤害到别人；更为不利的是，当别人总是在听你说时，你也就无法从别人口中获取到更多有用的信息，因为你根本不给人家说话的机会。

这也是很多职场新人容易犯的毛病，他们往往会急功近利，总想表现自己。稍有一点成绩，就生怕别人不知道，就开始到处“宣传”。也许他根本就没有料到，事情只是刚刚开始，接下来的工作还会有很多问题需要去解决，但由于职场新人并没有搞清事情的全貌和具体要求，就夸下了海口，这样的结果往往会事与愿违，反而给领导留下不踏实、不可靠的印象。

当你在接受领导指派给你的任务时，当你在推销公司的产品时，当你在和商业伙伴洽谈合同时……一定要明白什么该说什么不该说，要时刻提醒自己：说话要慢一点，再慢一点。尤其是在涉及期限、价钱以及一些关键条款时，“YES”和“NO”都是不能够轻易就说出口的。你可以这样说“我/公司要考虑考虑，然后再答复您”等，这样的话可以说是恰如其分的，既可以避免自己“无法兑现承诺”的糟糕局面，也可以给对方留有余地。

大学毕业那年，因为写得一手好文章，炫泽被分到一所高校当校长行政秘书，而芷轩是比他早两年进来的党务秘书，两人同在一个办公室里工作。上班的第一天，个子不高但看上去很精明的芷轩，就以其能说会道的口才给炫泽留下了深刻的印象，左一个“兄弟”，右一个“兄弟”，和炫泽有说有笑，熟悉得仿佛和他是一家人！

没过几天，芷轩竟然仗着资格比炫泽“老”，摆出一副盛气凌人的“主人”姿态，俨然他就是办公室主任，把炫泽指挥来指挥去，吩咐他做这做那。当时性格内向、不善言辞的炫泽，心里想：自己是新来的，何必跟他一般计较，少说多做总不会吃亏！于是，在平时的上班过程中炫泽都会听从芷轩的“指挥”，毫无怨言地先擦桌椅、抹门窗、拖地板、打开水、整理报纸文件等，然后开始坐下来认真仔细地做自己的本职工作。而芷轩呢，因为办公室有了炫泽这个“小兵”的加入，他竟悠然自得地享受起“领导”待遇，杂七杂八的事他从不沾边，他只要一动“嘴”，炫泽就会乖乖地去做，他就只管不停地找同事们“神侃”、找领导套近乎，甚至有时领导交给他写的材料，他也吩咐炫泽来帮他完成……

就这样，几年下来，上班时芷轩几乎都是只知道“海阔天空”地到处展现他的非凡口才，而炫泽却一直都在默默无闻地做着分内分外的事情。其间炫泽还充分发挥自己写作上的特长，很及时地把学校里的重大新闻及先进事迹写出来，发表在当地报纸上，从而大大提高了学校的知名度，并深受领导的好评……

几年后，学校进行一次管理干部轮换，在学校公布栏内的新一任管理干部名单中，原以为自己势在必得的芷轩名落孙山，而资历较浅的炫泽却通过这几年自己少说多做的踏实工作态度，榜上有名，而且还是“管”芷轩的直接领导。生活有时也会这么幽默，以前在办公室，只说不干事的芷轩是炫泽的“领导”，这回炫泽倒成芷轩的真正领导了。

的确，不管是谁也不管在什么工作岗位上，光说不做是不会为你带来职务提升的，只有那种少说多做、踏实工作的人，才会笑到最后。

少说话，多做事，行动在人之前，语言在人之后，言多必失，行多必得。

那么，在职场中我们如何做到少说多做呢？

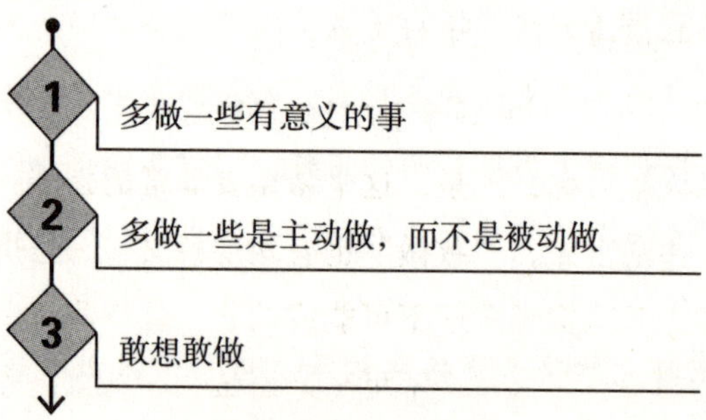

少说多做的法则

法则01：多做一些有意义的事

多做一些对自己和别人都有意义的事，比如：你的同事没有完成任务，你可以帮助他一下；你的上司需要人手帮忙，你要主动帮助一下；即使不是你的工作范畴，在没有人做的情况下你也要主动去做，这里的多做一些是做一些自己力所能及的事，千万不要好高骛远，以免适得其反。我们多做一些的目的不是为怎么讨好上级，只是为自己多学一些东西，来增长自己的能力和为日后的发展铺好道路。

多做的方法是：做到“三勤”，即眼勤、脚勤、手勤。眼勤就是多观察别人的言外之意，锻炼人发现问题及处理问题的能力；脚勤就是办事不要拖沓，要有紧迫感，别人需要帮助的事要尽快帮忙办完，锻炼人做事雷厉风行的风格；手勤就是动手要快，懂得领会别人的意图，锻炼人的思维推理能力。

法则02：多做一些是主动做，而不是被动做

主动和被动在行为学上的区别很大，主动是积极的行为，而被动是消极的行为；主动会赢得别人对你的尊重，被动会招来别人对你的不满，所以我们要学会主动地做事，不论是为别人还是为自己，主动积极是成功必备因素之一。在此基础上不要计较别人怎么说和说什么，比如说自己是“菜鸟”等，也不要看别人怎么想和怎么看待自己，说自己在“显和装”等，重要是自己认为这样做是对的，对集体和大家都有利的事，就主动去做。记住，“真理始终掌握在少数人的手里”。

法则03：敢想敢做

“敢想”不等于空想，更不等于胡思乱想，“敢想”有两层意思：一是要有高尚而明确的人生目标；二是，这个希望要非常的强烈。“敢做”不等于胆大妄为，更不是违法乱来，“敢做”也有两层意义：一是指人必须有冒险精神，必须敢于去做，畏险拖延永远不可能成功；二是指我们在追求目标的过程中要勇敢地面对各种挫折与失败，不可半途而废，应该愈挫愈勇，不达目的誓不罢休。敢想才能敢做，不要抱怨自己的命运不好，要明白行动就是力量，唯有行动才能改变你的命运。

能量驿站

职场中不能说的话

“祸从口出”四个字我们不管是在生活中还是职场上都需要牢记，在职场上立足不是件容易的事情，下面这些话就是绝对不能说的。

1. 都是你的错

指责永远都不会是明智之举。说这句话的人心里一定是想着“反正有人罩着我”，所以过错都可以推给别人。这无疑会为你的职场人际关系带来危害，让你的工作前途受到损害。建议在发生事情后，将注意力放在解决问题上，而不是指责，等到问题搞定了，再来谈谈如何避免发生类似的事情。

2. 都是我的错

看起来似乎能起到作用，但却是错的。这种全扛式的承担错误只会让你陷入羞耻的境地，自己承担所有责任只会让同事、上司认为你是无能的员工。只有当事情真的全是你的过错，才应该毫不迟疑地承担责任。

3. 这不公平

无论事情公平与否，职场上本身就没有公平之说。无论你说多少次、怎么说，都不过是别人耳中的抱怨而已。你应该换一种策略，为你想改变的事情找一些更为具体，以事实为基础，而不是沉迷于发泄。

4. 这不是我分内的工作

在职场中，除了要求你完成自己分内的工作，可能有时候还会有额外的工作找上门来，如果你轻易将此话说出口，那么会让你的上司、同事觉得你是个固执而懒惰的家伙。

5. 别说那些有的没的，可是你知道……

办公室的政治是极具破坏性的。当你被卷入某些同事们需要关起门来讨论的事情时，记住不要在他们面前提任何自己的私事，尤其是那些你不希望将来有朝一日可能会被人当众提及的事。

职场中有很多潜规则，少说多做就是很重要的一个，不要以为承认了所有错误就能得到上司的谅解和同事的感谢，职场是残酷的，感情用事最后吃亏的还是自己。

第六章

6

敬业，启动正能量

能量导读

敬业是一种精神，高度的敬业精神是一个从业者所具备的最核心的个人素质，是做好本职工作的重要前提和可靠保障。只有爱岗敬业，才能积极面对自身的社会责任和义务；只有爱岗敬业，对工作才会认真负责，不会敷衍塞责；只有爱岗敬业，才能促进我们不断地完善、自我修养。

第一节　敬业是一种职业态度

名人名言

抱着一颗正直的心，专心致志于事业的人，一定会完成许多事业。

——赫尔岑

爱岗敬业是一种精神。任何人都有追求荣誉的天性，都希望最大限度地实现人生价值。而要把这种意愿变成现实，靠的就是在自己平凡的岗位上爱岗敬业。你要欣赏自己的价值，就得给企业增加价值。如果我们选择了一份职业，哪怕工作内容再枯燥再烦琐，我们都应该满腔激情地工作。

爱岗敬业也是一种态度。不要问企业为我们做了什么，而要问，我们为企业做了什么。集体肯定有自己的缺点，但也会有优点，正因为优点大于缺点，所以才有很多人选择留在集体。企业的许多优秀员工，在各自的岗位上为公司的发展做出了不可磨灭的贡献，也实现了个人价值。难道他们就不知道企业存在的缺陷，没有感到工作的枯燥，没有遇到挫折失败吗？

爱岗敬业更是一种境界。思想有多远，我们就能走多远。当我们将爱岗敬业当做人生追求的一种境界时，我们就会在工作上少一些计较，多一些奉献；少一些抱怨，多一些责任；少一些懒惰，多一些上进。有了这种境界，我们就会倍加珍惜自己的工作，抱着知足、感恩、努力的态度，把工作做得尽善尽美，从而赢得他人的尊重，取得岗位上的竞争优势。

浩宇在一家高科技公司的收发室工作，是一名临时工。在近一段时间，公司要进行人力资源改革、机构调整，目前正处于人员去留不定的等待阶段。由于公司对人才素质要求很高，许多年轻的大学生都认为自己将有可能被淘汰，在还没有得到确切的消息之前，他们就干脆不来上班了。浩宇心里知道，像他这样的临时工，公司是绝对不会留用的，更应该早做打算。但是，在还没有交接钥匙之前，他不想丢弃自己的分内工作。他依然像往常一样勤奋地工作着，及时地把报纸、信件送到各个部门，然后马不停蹄地为自己增加了一份额外的工做——替各个办公室搞卫生，因为去留不定，各部门连卫生工作都显得有点乱，浩宇默默地主动担当了这项工作。

时间的脚步永远不会停滞不前，交接的这一天终于到了，浩宇知道自己真的要和这份工作说再见了，他决定坚持做到最后一天。浩宇干得格外认真、仔细，甚至为将要接替他工作的人画好了去各个部门的线路图。这时，有个年轻人来到收发室问他："许多人早就不来了，你怎么坚持到现在还在工作？"浩宇说："今天是我干这份工作的最后一天，明天我也不来了，但是我把今天的事情做完、做好了，走时心里才踏实。无论做什么，总得要有始有终吧。"年轻人没说话，点点头走开了。浩宇继续做着他的事情，他把收发室收拾得干干净净，一尘不染，又把桌凳上稍微有点松动的螺丝拧紧一些，把盛放报纸的壁橱再次整理一番，直到下班，他到接收办公室交钥匙时，还不忘给阳台上的花草浇浇水。

第二天，是公司宣布留用人员名单的日子，大家惊奇地发现，竟然有浩宇的名字！原来，和浩宇谈话的年轻人就是公司的新任董事长。他在当天全体员工大会上郑重宣布："公司需要做事认真，有责任心，爱岗敬业的员工，浩宇就是一个对工作敬业的典型。不爱岗的人必然下岗，不敬业的人肯定失业。"

敬业是易事，因为每个人都可以做到，但是敬业也是难事，因为不是每个人都能做到；敬业也是小事，因为它很难马上体现在薪资的涨跌上，但是敬业也是大事，因为它关系到一个人职业生涯的兴衰。所以，无论你在何时何地，也无论你从事什么样的工作，都应该尽职尽责地投入其中，认认真真地做好每一件事，并竭尽所能去完成它，那样于人于己都心安理得。争取自己所做的每一项工作都能善始善终，你会发现，敬业最终会改变你的人生。

一个人是否有作为不在于他做什么，而在于他是否尽心尽力地把所做的事做好，干一行、爱一行、精一行，这就是敬业。敬业是传统职业道德的基本原则。敬业精神就是要求我们恪守职责，扎实、勤恳地做好本职工作。在市场经济不断走向深入的今天，敬业是一种职业态度，是一种职业责任，也是职业道德的崇高表现。只有具有敬业精神的人才会建树功业，建立事业。

作为一个职场新人，我们应该如何把自己变得更加敬业，成为职场中受上司青睐的胜者呢？

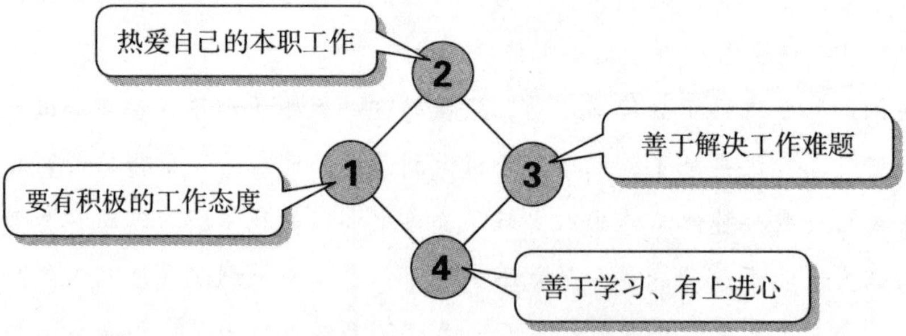

让自己更敬业的妙技

妙技01：要有积极的工作态度

工作态度是衡量一个员工是否敬业的重要标准，假想如果一个员工连基本的工作态度——热爱本职工作、积极主动、有责任心、干事不拖拉都没有的话，他又如何能对本职工作尽职尽责呢？

某位成功女企业家曾说，她在应征员工的时候，雇用与否取决于应征者的态度。她说：“现在员工的敬业精神比我们以前差多了，首先工作态度就不对头，一来就先问在公司的发展机会，还有一年有几天年假、公司有什么福利等问题。”这位女企业家在年轻刚踏入社会时，根本不计较做什么工作，而且只要是公司的事，她都乐意去做，人家不做的她也愿意做，还欣然接受额外加班的时间。几年下来，她摸透这个产业后便自行创业，现在是非常成功的女企业家。

妙技02：热爱自己的本职工作

作为一种职业情感，热爱本职工作是各行各业职业道德的基本要求，也是成就个人理想的基本要求。如果一个人连他自己所从事的本职工作都不热爱，那么他就不可能敬业，也不会自觉地去钻研本职业务，这样，他的工作质量和效率也就不可能提高。

衡量一个人是否敬业，就是无论把他放在哪一个岗位上，他都能够兢兢业业、任劳任怨地发挥自己的智慧和才干。

于丽应聘到一家外企。她每天上班的工作就是：拆应聘信，翻译；翻译，拆应聘信。工作量大枯躁，索然无味，却能让人忙得四脚朝天。可是于丽不急不躁，一直耐心仔细地做。三个月后，于丽被提升为人力资源部经理。升迁的理由是：一个名牌大学毕业的硕士生，每天千篇一律地拆信，并在几十封信中，不厌其烦地整理出有价值的信，推荐给老外上司，展示了她人力资源管理的才能，深得欣赏。总裁认为：于丽能够尽职尽责、忠于职守、干一行爱一行，自己岗位上的每一件事情都办得非常出色，企业需要的就是这样的放到哪里都能发光的人，理所应当获得升迁。

妙技03：善于解决工作难题

敬业的员工的最典型特征之一就是善于解决难题。善于在工作中发现、纠正和解决问题，减少、杜绝不必要的损失。及时、准确地判断、识别、发现工作中的故障、失误、差错和问题并予以解决，减少工作中的损失。

旭诚是一名台资企业的部门主管。一次，公司的一大单货突遭退货，主管仓库的经理又临时休假，带走了备用大仓库的钥匙。而暴雨即将来临，40万只皮具一旦被淋湿，后果不堪设想，他闻讯后赶到现场，仓库主管居然还在办公室写《加急突发状况报告》，请求上级解决问题。按照公司的程序，等到一级级批复下来，最快也要3小时。他当机立断，叫来保安员砸断库房大锁，亲自跑到生产部，请生产经理派人火速增援，两分钟内50名员工紧急集合，只用了15分钟将货物点数入库，10分钟后大雨倾盆而下。而仓库主管此时才刚联络到已休假的上司，得知最快也要2小时才能将库房钥匙送回。后来，这位仓库主管因事发时不在现场指挥、不知应变而受到了公司的处分。

妙技04：善于学习有上进心

要想做好本职工作，使自己变成一个敬业的员工，就必须不断地学习新的知识，书本上的要学，实践中更要学。你只有常备一个上进心，工作才能上层楼，事业才能有发展。善于学习使你能在变化无常的环境中应付自如，无论是分配你完成一个应急任务，还是反复要求你在短时间内成为某个新项目的行家。

瑞杰是某大型企业的业务经理，3年来一直忙于日常事务，在“迎来送往、觥筹交错”中翻过了日历。今天，他的一个下属，自学拿到了大学本科文凭，学历比他高，能力比他强，经验也在数年的商战中获得了积累，羽翼日渐丰满，销售业绩惊人，在公司最近的外贸洽谈会上，其娴熟的业务知识和流利的外语口语，令外商大为赞叹，也赢得总裁的青睐，委以经理重任，而瑞杰惨遭淘汰，留给他的是岁月的蹉跎和风光不再的嗟叹。

敬业是职场中最应值得重视的美德。只有所有的员工敬业，才能发挥出团队的力量，才能拧成一股绳，劲往一处使，推动企业走向成功。一个公司的生存可以依靠少数员工的能力和智慧，但更需要绝大多数员工的敬业和勤奋。

忠诚是一种职业敬业精神。如果你选择了某一个工作，那就真诚地、负责地干吧，你的事业的航船已经满帆起航。

能量驿站

工作时，敬业是什么

如果你做工作时只是以业内的岗位要求为标准，那你只是职场机器人；如果你以公司老板及公司的战略目标为工作标准，那你已经是和公司同呼吸共命运的职场社会人了；如果你以在工作中形成的精益求精的自我要求为标准，那恭喜你，你已经成为敬业的职场职业人了！

在职场中工作的人都用有三种不同的标准来衡量自己，分别是业内的、公司的、自己的标准。你所选择的不同标准代表你在职业生涯发展中不同层次，不同境界。最高的职业标准就是自己的标准，这个层次的人是敬业的，是把工作当作自己的一件艺术品，艺术品的好坏首先要经得起自己这一关的检验，其次才是合乎外在的要求，有这种思想的人就不是为别人打工，而是为自己工作！因为他工作的心从来都是为自己的！

说到敬业，那敬业又是什么呢？

敬业是敬重自己所从事的事业，是对工作的一种敬仰心态，是对自己提出比别人更高的标准，是专心致力于工作，千方百计地把工作做好，并把工作做到合乎自我要求、尽善尽美的程度的一种追求。

首先，敬业是一种职业道德。

敬业是一种高尚的品德，是对自己所从事的职业怀着一份热爱，珍惜和敬重，不惜为之付出和奉献，从而获得一种荣誉和成就感。更是在自己所从事的职业中一心一意、勤奋努力地工作，忠于职守，认识到自己所担负的工作是个人对社会所应尽的一种责任，是这种社会责任在职业活动中的具体表现。

其次，敬业是一种职业意识。

敬业是一种积极向上的人生态度。秉持这种态度的人会树立这个世界上没有卑微的工作，只有卑微的工作态度的职业价值观！敬业更是对自己的职业水准的要求，对工作不满意的只是自己那颗精益求精的心！在职业生涯发展道路上，我们所选择的态度更会决定我们在职业上所发展的高度！

再次，敬业是一种职业能力。

英语、计算机是一种职业能力我们都会不假思索地认同，但你可知道敬业也是一种职业能力。我们把制约职业生涯发展的主观因素称其为能力，而敬业就是在一定职业生涯发展阶段制约、影响我们进一步发展的主观因素；所以，没有敬业精神就不单单是职业道德的问题，更是一种职业能力的缺失。在职业上取得成功的人只是多做了一点，就是在完成自己该做的事情之外，还多做了一点点。

敬业精神是支撑现代社会的精神支柱之一，它是人们对自己所选择的职业的高度认同和接受，同时也是社会责任感的具体化，因而是一种发自内心的持久的动力，而不是一时的激动和热情，它是一种职业素质、职业精神的表现，是一种做事做人的境界。

第二节　把敬业变成一种习惯

名人名言

一个人如果对自己的职业坚信不移，不心怀二志，他的心里就只知道有这个职业，只承认这个职业，也只尊重这个职业。

——托马斯·曼

现在很多的企业，最看重的就是大学毕业生进入到岗位之后，是否有爱岗敬业的精神，同时也可以说是大学生走出校门，步入社会的第一个步骤的，这点是能够来评价大学生的素质问题的。当你进入一家企业的时候，千万要能够记住，不能够对企业这个不满意、那个不满意的，你要做的是如何才能够把自己的状态给调整过来，因为企业不可能去适应你，只有你来适应这家企业。

嘉铭在学校的时候，学的是市场营销专业。毕业之后，到一家房地产公司去应聘，当老板看到他简历的时候，非常欣赏他在学校里所取得的优异成绩，决定让他加入公司，并重点培养。于是，在试用期间，公司就把他安排到前期部做外勤职员的工作，来作为锻炼。按照常理来看，对于这样的安排应该珍惜才对，但是他却不这样认为，他觉得公司给他做的工作就是在大材小用，于是工作起来就不太认真，总是应付了事，做事情也丢三落四的。后来，公司参与了一次土地竞买招标活动，这项工作是由让他负责的，但是到活动当天的时候，他都没有能够完成，导致公司没有能够拿下这块的项目。对于一家企业而言，也就是让公司有赢利机会消失了，因此他最终被公司解雇了。

初涉职场的年轻人都有这样的感觉：自己做事都是为了老板，为老板挣钱。其实，这是情理之中的事。如果老板不挣钱，你怎么可能在这家公司呆下去呢?

但也有些人认为，反正为人家干活，能混就混，公司亏了也不用我去承担，甚至还拖老板的后腿。其实，这样做对老板、对你自己都没有好处。

作为职场新人，要学会培养自己的敬业精神，然后让这种精神慢慢地变成习惯。

一位咨询公司的顾问谈起了他曾经服务过的一家公司，该公司总裁精力旺盛，而且对流行趋势反应极其敏锐。他才华横溢，精明干练，但是管理风格却十分独裁。对部属总是颐指气使，从不给他们独当一面的机会，人人都只是奉命行事的小角色，连主管也不例外。

这种作风几乎使所有主管离心离德，大多一有机会便聚集在走廊上大发牢骚。乍听之下，不但言之成理而且用心良苦，仿佛全心全意为公司着想。只可惜他们光说不练，以上司的缺失作为自己工作不力的借口。

有一位主管说：“你绝对不会相信。那天我把所有事情都安排好了，他却突然跑来指示一番。就凭一句话，把我这几个月来的努力一笔勾销，我真不知道该如何再做下去。他还有多久才退休？”

然而，另一位主管却不愿意向环境低头。他并非不了解顶头上司的缺点，但他的回应不是批评，而是设法弥补这些缺失。上司颐指气使，他就加以缓冲，减轻属下的压力。又设法配合上司的长处，把努力的重点放在能够着力的范围内。

受差遣时，他总尽量多做一步，设身处地体会上司的需要与心意。如果奉命提供资料，他就附上资料分析，并根据分析结果提出建议。

有一次，总裁外出。在那天半夜里，保安紧急通知几位主管，公司前不久因违纪开除的三个员工纠集外面一帮“小混混”打进厂里来了，已打伤了数个保安和员工，砸烂了写字楼的玻璃门。其他几位主管因为对总裁心怀不满又不愿担负责任，就干脆装作不知道。而当那位积极主动的主管接到通知后，立刻赶赴现场，并在第一时间报警。为控制局面，他用喇叭喊话，同对方谈判，稳住对方，直到民警赶来将这帮肇事者一网打尽。

这件事情过后，他赢得了其他部门主管的敬佩与认可，总裁也对他极为倚重，公司里任何重大决策必经他的参与及认可。总裁并未因他的表现受到威胁，因为他们两人正可取长补短，相辅相成，产生互补的效果。

事实证明，敬业的人能从工作中学到比别人更多的经验，而这些经验便是你向上发展的踏脚石，就算你以后换了地方，从事不同的行业，丰富的经验和好的工作方法也必会为你带来助力，你的敬业精神也会为你的成功带来帮助。因此，把敬业变成习惯的人，从事任何行业都容易成功。

有些人天生就具有敬业精神，任何工作一接手就废寝忘食，但有些人则需要培养和锻炼敬业精神。如果你自认为敬业精神还不够，那就强迫自己敬业，以认真负责的态度做任何事，让敬业精神成为你的习惯。

把敬业变成习惯之后，或许不能为你立即带来可观的收入，但可以肯定的是，如果你养成“不敬业”的不良习惯，你的成就就相当有限。因为你的那种散漫、马虎、不负责任的做事态度已深入你的意识与潜意识，做任何事都会有“随便做一做”的直接反应，其结果可想而知。如果一个人到了中年还是如此，很容易就此蹉跎一生。当然也说不上由弱变强，改变一生的命运了。

那么，如何才能养成敬业的习惯呢？

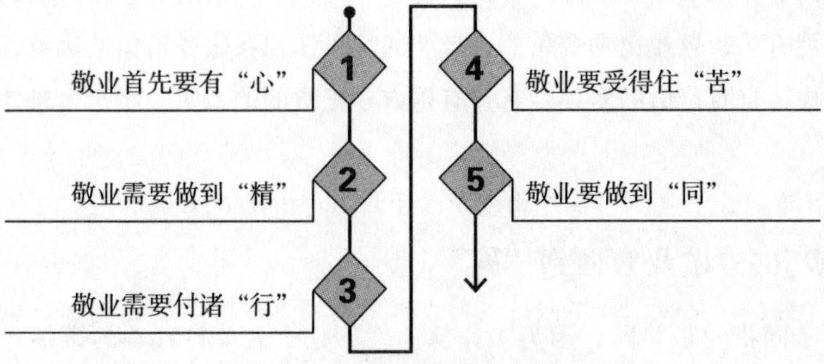

养成敬业习惯的技巧

技巧01：敬业首先要有“心”

这个心指的是事业心，事业心也是进取心，一个不思进取、不愿担当、不想干事的人是不可能敬业的。占一个职位领一份报酬就应承担一份担当，发挥一份作用。对待工作，消极忍受不如积极享受，敬业是对他人的尊重，同时也是对自己的尊重。

技巧02：敬业需要做到“精”

敬业的效果体现在工作质量上，如果不精通业务，工作肯定不会出精品，甚至好心办错事，这就需要我们发扬“干一行、爱一行、专一行、精一行”的作风，努力学习、大胆实践，争做岗位上的行家里手。

技巧03：敬业需要付诸“行”

这个行是指行动，“言必信，行必果”，敬业不能停留在口头上书面上，必须体现在行动上。按照既定的工作标准、服务模式做到位，才能为服务对象提供满意的服务，才能形成事实上的敬业。

技巧04：敬业要受得住“苦”

任何事不努力都不可能成功，敬业是把工作做到极致、做到最好，需要付出更多的努力。敬业无疑是辛苦的，有守时之苦、付出之苦、枯燥寂寞之苦，但有苦就有乐，敬业也是快乐的，敬业的快乐体现在服务对象的满意、组织目标的完成、自身价值的实现。有苦有乐方是正常的的人生，经历苦难才能体会到快乐。

技巧05：敬业要做到"同"

这个同指的是共同，因为工作从来就不是个人单打独斗的事情，小到一个科室，大到一个单位，都需要一个敬业的团队、一种敬业的氛围。敬业的人和敬业的环境是互相影响互相促进的，提倡全民敬业行为，爱岗敬业已成为社会的主流，我们每个人都应该顺流而上，从自己做起、从现在做起、从小事做起，共同打造职场风景，启动职场正能量。

能量驿站

敬业是一种美德

职业是人的使命所在，敬业使员工的美德。从世俗的角度来说，敬业就是尊重自己的工作，将工作当成自己的事。其具体表现为忠于职守、尽职尽责、认真负责、一丝不苟、善始善终等，其中糅合了一种使命感和责任感。这种道德感在当今社会得以发扬光大，使敬业精神成为一种最基本的做人之道，也是成就事业的重要条件。

任何一家想在竞争中取胜的公司都必须设法使员工敬业。没有敬业的员工就无法给顾客提供高质量的服务，就难以生产出高质量的产品。

我们无论从事什么职业，无论到什么地方，总是能发现许多投机取巧、逃避责任、寻找借口之人，他们不仅缺乏工作的使命感，而且缺乏敬业精神。

表面上看起来，敬业精神有利于公司、有利于老板，但实际上最终的受益者却是自己。

当我们养成敬业的习惯时，就能从工作中学到很多的知识，积累更丰富的经验，就能从全身心投入工作的过程中找到快乐。这种习惯或许不会有立竿见影的效果，但可以肯定的是，当“不敬业”成为你的习惯时，后果将不堪设想。工作上投机取巧也许会给老板带来一点经济损失，但是却可能毁掉你的一生。

成败往往取决于个人。一个勤奋敬业的人也许并不能获得上司的赏识，但至少可以获得他人的尊重。那些投机取巧的人即使利用某种手段爬到一个高位，但也会被人轻视，在这种无形中就给自己的成功之路设置了障碍。不劳而获也许非常有诱惑力，但很快就会付出代价，他们会失去最宝贵的资产——名誉。诚实及敬业的好名声是人生最宝贵的财富。

有这样一个年轻人，颇有才华，但是工作散漫，缺乏敬业精神。一次报社急着发稿，他却搂着稿件回家睡大觉去了，以至于影响了整个报纸的出版时间。这种人永远得不到尊重和信任。人们往往会尊敬那些尽职尽责的人，而不会尊敬一个能力虽强，但不负责任的人。

得到他人的尊重会获得更多的自尊心和自信心。不论你的工资多低，不论你的老板多么不器重你，只要你忠于职守，毫不吝惜地投入自己的精力和热情，渐渐地你会为自己的工作感到骄傲和自豪，就会赢得他人的尊重。以敬业和负责的心态去对待工作，工作自然而然就能做得更好。

一个对工作不负责任的人，往往是一个缺乏责任心的人，也是一个无法体会工作真谛的人。要知道，当你将工作推给他人时，实际上也是将自己的成功机会拱手让给了别人。

第三节　敬业不易精业更难

名人名言

凡事都要脚踏实地去做，不驰于空想，不骛于虚声，而唯以求真的态度做踏实的工夫。

——李大钊

在职场中，敬业和精业是相辅相成的。敬业不可缺少，它是精业的前提。只有先敬业才能精业，而只有精业才能做出成绩。如果说敬业是德，那么精业就是才，只有“德才”兼备才是一个职场新人的全面素质，才能更适应职场的需求和发展。常言道：“业精于勤，业长于学。”只有敬业之德与精业之才的和谐统一，才能使自己在职场中游刃有余。

何谓敬业？大思想家朱熹就认为：“敬业者，专心致志以事其业也。”所谓敬业，就是要求从事正当职业的人们，敬重自己所从事的职业，热爱自己的本职工作，兢兢业业地以恭敬之心履行自己的职责。简而言之，就是要热爱自己所从事的本职工作。

那么，何谓精业呢？精业是敬业的具体表现，是敬业的基础，是做好本职工作的前提。也就是说，要在自己所从事的工作岗位上精通业务，具备扎实的岗位基本功，做到干一行、爱一行、专一行、精一行。

有一位员工，遵章守纪，做起事来可以说是努力，从未犯过什么错，却在单位的“优胜劣汰”中被淘汰出局。大家都百思不得其解：工作这么多年，没有功劳，也有苦劳吧？凭什么让他走人？其实，关键就在于其业务素质不高，工作能力不强，“敬业”而不“精业”。

我们对待自己的本职工作，不仅要敬业，更要精业，要将两者和谐地运用在工作中。敬业是一种工作态度，精业是一种完成工作的手段。敬业是精业的先决条件，精业是敬业的最高目标。在工作中，我们经常会感觉到虽然自己每天尽职尽责地工作，可工作的成绩却不是很明显。上司交代我们的事情，我们也能够认真地完成，可往往只是停留在完成阶段，完全不知道如何才能完成得更加完美。这是因为我们缺乏一种钻研精神，缺少对工作精益求精的态度，这就是缺少精业意识的表现。

子昂今年22岁，刚刚大学毕业。跟他一起进入这家玩具公司的还有3个人。这“四君子”上班后的第一项任务就是做市场调查——将公司所有玩具的销售情况弄清楚。

“四君子”怀着好奇又兴奋的心情来到了商场。刚来到这个城市的“四君子”看得眼花缭乱，他们这里逛逛那里看看，不知不觉一天就过去了。晚上回到家里，子昂开始写日记，他要将这一天的见闻全部记录下来。但是写着写着，子昂就发现不对劲了。我们的任务不是做市场调查的吗？怎么我只顾着逛商场，什么都没调查到呢？

子昂那颗原本兴奋的心一下子凉了下来，他意识到，如果自己继续这样不务正业的话，刚刚开始的大好前程将会很快被断送。于是，他决定从第二天开始，要与其他3位同事分头行动。

第二天，子昂一大早就来到了商场的玩具专区，蹲在公司的专柜旁边观察了整整一天，他将顾客们买了哪些玩具都一一记录下来。接下来的时间里，子昂都选择了老老实实地在公司专柜旁蹲点，并认真做记录。3天下来，子昂已经对公司产品的销售情况有了一个初步的了解，他准备回公司交差了。

但就在他回公司的路上时，他看到街边有不少的小店铺，店铺里也同样挂着公司的产品。子昂一拍脑袋，他忽然想到，大商场与小店铺吸引的顾客群是不同的，如果只搜集了大商场的资料，那这份市场调查报告仍然是不全面的。于是，子昂又在这几家小店铺开始了自己的调研。在与店铺老板们混熟之后，子昂又得到了一个情报：小店老板们都是从一个大型玩具批发市场进货的，到那里去调查，一定能得到更准确的资料。

子昂转了转眼珠，又赶往了批发市场。批发市场的玩具商们都是公司的直接客户，他们看到公司来人了，都对子昂十分热情。子昂很快跟这些批发商们打成了一片。

很快一个星期的调研就结束了，子昂将自己搜集来的各类“情报”做成了一份详细的调研报告之后便回到了公司，他发现，其他三位同事早在几天之前就到公司坐班了。当销售经理来检查四个人的作业时，子昂认真而详细的报告得到了经理的表扬。两个月后，子昂收到了人力资源部的通知——试用期提前结束，工资上涨30%。就这样，子昂成了这家公司的正式员工。而其他“三君子”还要经过一个月的考查才能结束试用期。

从这个故事看出，子昂并不是“神童”，更不是“超人”，他只不过是一个普普通通的应届毕业生。但他却用认真的工作态度，想别人想不到的，做别人不想做的。他这种精益求精的工作态度，让许多职场老员工都望尘莫及。

要干一件事，必须敬业；要干好一件事，必须精业。人们常说，手里没有金刚钻，就别揽瓷器活。如何得到“金刚钻”？这就要求我们必须勤学苦练，掌握本领，正所谓“工欲善其事，必先利其器”。成功没有捷径，靠的是鲜为人知的努力和付出。

为什么京剧艺术大师梅兰芳的一双眼睛，在舞台上眉目传情，顾盼生辉，让人难忘？很少有人知道，为了让眼神亮起来，眼睛近视的梅兰芳每天早晨都会放飞鸽子，然后让眼光追随着鸽影上上下下，锻炼眼力。胡琴“圣手”孙佐臣早年练功时，数九寒天，把两手插在雪堆里，等到冻得僵硬麻木，才拿出胡琴来拉，不练到手指灵活、手心出汗不收琴。一代乒乓高手邓亚萍为了增强手腕的力量，曾用铁拍子练球。

敬业不易，精业更难。一个人如果不能胜任本职工作，精通业务，即使工作态度再好，也是不称职的。我们曾经要求“又红又专”，这句话如果放在工作范围内来解释，“红”就是敬业精神，“专”就是精业本领。把握好“敬业”与“精业”之间的关系，在“敬业”的同时，不断地增强工作能力，不断地提高“杀敌”本领，才能在当今激烈的竞争中立于不败之地。

那么，在职场中，我们如何培养自己的敬业精神呢？

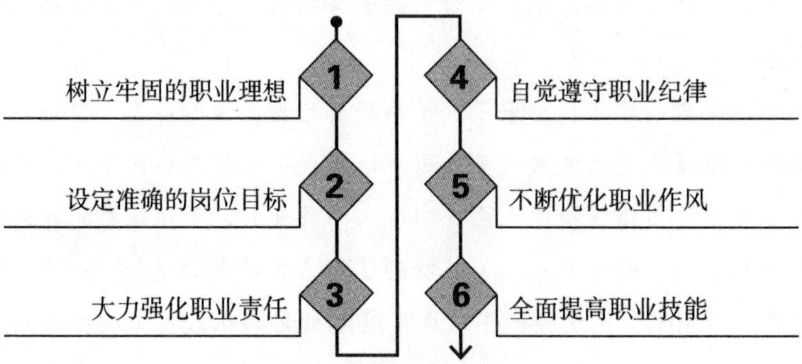

培养敬业精神的秘诀

秘诀01：树立牢固的职业理想

职业理想是敬业精神的思想基础。每位职工都应把自己的职业看成是为社会做贡献，为人民谋福利，为企业创信誉的光荣岗位，看成是社会、企业运转链条上的重要环节，只有这样才能树立起富有时代精神、健康向上的职业理想和目标，并以最顽强、最持久的职业追求把它落实在职业岗位上。

秘诀02：设定准确的岗位目标

高标准的岗位目标是干好本职工作，争创一流的动力。有了岗位目标，才能做到勤业精业，在本职工作岗位上创造性地开展工作。

秘诀03：大力强化职业责任

发挥本职和岗位的职能、保持职业目标、完成岗位任务的责任，遵守职业规则程序、承担职权范围内社会后果的责任，实现和保持本岗位、本职业与其他岗位职业有序合作的责任，是职业责任的全部内涵。职业责任是主人翁意识的体现，作为企业的一员应视企业发展为己任，自觉履行职业责任和义务。

秘诀04：自觉遵守职业纪律

职业道德规范，企业的各项规章制度，是职业纪律的内容。精心维护、模范执行是维护企业正常工作秩序的重要保证。

秘诀05：不断优化职业作风

职业作风是敬业精神的外在表现。敬业精神的好坏决定着职业作风的优劣，而职业作风的优劣又直接影响着企业的信誉、形象和效益。从某种意义上讲，职业作风关系到企业的兴衰成败，关系到企业的生死存亡。优化职业作风，就要反对腐败和纠正行业不正之风，以职业道德规范职业行为。

秘诀06：全面提高职业技能

企业内部要营造浓厚的学习氛围，促使职工不断掌握新技术、新工艺，不断增加技术业务能力的储备，不断更新知识结构，不断提高管理水平，成为本单位的业务骨干和技术尖兵，以过硬的职业技能实践敬业精神，为国家做贡献，为企业创效益、树信誉、争市场。

对于个人而言，敬业是必须，精业是提高。我们应该将两者统一起来，尽可能地发掘自己的潜在能力。如果还只是停留在满足于完成工作任务这一简单的阶段，那肯定不能适应职位的需求。敬业更精业是时代的要求，也是员工提升自我的需求。在当今世界上，很多优秀企业需要的都是精业和敬业兼备的员工。

在职场上，既敬业又精业的人永远是供不应求的“抢手货”，既不敬业又不精业的人，常常成为被淘汰的“处理品”。

能量驿站

从三只鸟的不同命运看职场

很久以前，曾经有三只小鸟，它们一起出生，一起长大，等到羽翼丰满的时候，一起寻找成家立业的地方。

它们飞过了很多高山、河流和丛林，飞到一座小山上。一只小鸟落到一棵树上说：“这里真好，真高。你们看，那成群的鸡鸭牛羊，甚至大名鼎鼎的千里马都在羡慕地向我仰望呢。能够生活在这里，我们应该满足了。”它决定在这里停留，不再往前飞了。

另外两只小鸟却失望地摇了摇头说：“你既然满足，就留在这里吧，我们还想到更高的地方去看看。”

这两只小鸟继续飞行，它们的翅膀变得更强壮了，终于飞到了五彩斑斓的云彩里。其中一只陶醉了，情不自禁地引吭高歌起来，它沾沾自喜地说：“我不想再飞了，这辈子能飞上云端，便是最大的成就了，你不觉得已经十分了不起了吗？”

另一只鸟很难过地说：“不，我坚信一定还有更高的境界。遗憾的是，现在我只能独自去追求了。”

说完，它振翅翱翔，向着云霄，向着太阳，执著地飞去……

最后，落在树上的小鸟成了麻雀，留在云端的成了大雁，飞向太阳的成了雄鹰。

麻雀、大雁和雄鹰，它们的命运为什么不同呢？

一个很明确的答案就是：它们对自我的要求不同。麻雀满足于树梢，所以它的世界只有几丈之高；大雁满足于云层，所以它永远都飞不出层层云雾的缠绕；雄鹰则不懈追求，力求最高，所以它的世界阔及宇宙。

三只小鸟不同的生命追求，恰与企业中的三种人状况相似。

第一种人如同麻雀。与他人起点相同，却飞得最低。这是因为，他们在工作的过程中，一味地满足于“差不多就行了”，做事不到位，处处找借口，拖延、倦怠、失责已经成为他们的习惯，最后只能成为企业中的“烂苹果”，被企业踢出去。

这类员工若想继续在职场中立足，必须转变工作观念、端正工作态度，将目标“拔高”，努力前进，如此才可能扭转职场中的不利态势，赢得发展先机。

第二种人好似大雁。他们对麻雀的“树梢高度”充满了不屑和惋惜，所以选择了继续高飞，但也仅仅止于表面上斑斓无比的云层。这些人虽然做事勤恳，能够尽量将任务完成，但容易满足于现状而失去进取心，最后也只能沦落为平庸的员工，时刻处于被剔除的边缘地带，一旦有所松懈，就有可能像“麻雀”一样被企业“踢出局”。

这类员工若想避免被剔除的厄运，就必须从此刻积极主动地改进自己的工作方式，树立更高的工作要求，尽职尽责，忠诚敬业，积极充电，成为职场中的常青树。

第三种人犹如雄鹰。雄鹰志向高远，它们的目标是云霄，是太阳，是无止境的高度，所以也只有它们能够飞得最高、看得更远。而这样的员工也就是企业最需要的人——称职的员工。他们尽职尽责，把工作视为生命的信仰；他们自动自发，永远超出老板的期待；他们做事到位，拥有最完美的执行力；他们追求“功劳”，争取拿结果来复命；他们精益求精，让自己无可替代；他们做事高效，忙会忙到点子上；他们精于思考，带着思考来工作；他们目标高远，凡事追求最好，是企业里最受欢迎的人，最终也大多成为了老板或高级职业经理。

第四节　敬业才会觉得乐业

名人名言

使事业成为喜悦，使喜悦成为事业。

——伯兰特.罗素

敬业，即责任心，是对学业或工作专心致志；乐业，即趣味，不仅乐意去做某件事，而且从中领略出趣味来。

敬业就是尊重自己的工作，不断地学习，务求精益求精。如果能够喜欢自己的工作，即使再艰辛也能自得其乐，工作自然事半功倍。

只有真正体验到自己工作的乐趣，才能有快乐和充实的感觉，才能真正体验到工作的意义。

任何一种事业，都需要一种无形的精神力量作为支撑。这种精神就是像信仰神灵一样信仰职业，像热爱生命一样热爱工作，做到喜欢它，并以它为乐。敬业是职业人士的基本要求，而乐业就属于境界问题了。

思媛是个漂亮的女孩，办事勤奋，为人热情，一向很努力，有着远大的理想。但是，她工作八年来，工资越挣越少，换了很多公司，都是干不了多久就被解雇了。上班的时候，她一边工作一边抱怨工作条件不好、客户信誉不好、行业不景气、老板不认真、自己多么倒霉，同时又分散精力于好友拜托的事别忘记了、晚上去赴宴穿什么衣服之类琐碎的生活小事上。她被自己折磨得又累又烦，什么都不能专心做好。她越来越不快乐了，每天都陷在忧郁、惊恐、不安的情绪中。

没有了积极情绪，更不用谈快乐工作了。我们身边这样的人很多，他们并不是人品不好，但工作就是没有成效。因为他们不能踏踏实实地专注于自己的生活与工作，一味好高骛远，心思飘忽烦躁，又乱又忙。

敬业是一种人生态度，乐业是一种人生境界，是珍惜生命、珍惜未来的表现。我们选择什么样的态度来工作，完全是自己可以掌握和选择的。而自我生活态度和工作态度的选择，对人生和工作来说影响是巨大的。选择了忠诚敬业的态度，工作将不再枯燥乏味；选择乐观积极的态度，生活将充满阳光和幸福；选择永不言败的态度，将越挫越勇，直到成功；选择认真严谨的态度，人生将因精致而美丽。当我们将敬业当成一种习惯，将乐业当成一种追求时，就能从全身心地投入工作中找到无穷无尽的快乐。

比如，你在上班的时候，如果脑子里还在挂念今天有什么球赛，或者回味昨天夜晚的狂欢，或者考虑怎样完成另外一份工作，那你就会连最基本的“专注”都做不到，更不用说“专与精”了。你只会一天又一天浑浑噩噩地走过，在混乱和无助中度过自己的职业生涯。

又如，你是一个电话接线生或是一个小公司的会计，每天都做着相同的工作：处理客户的来话、统计报表……也许你会感觉单调无味到了极点。但假如你把自己每天的工作量都记录下来，鞭策自己一天要比一天进步，一段时间后，你也许会发现你的工作不再是单调、枯燥的，而是很有趣的。

找到一份自己喜欢的工作对于职场新人来说无疑可以大大提升自己的幸福指数，但由于各方面的压力，很多人都做着自己不喜欢的工作，那么如何把不喜欢的工作做好呢?

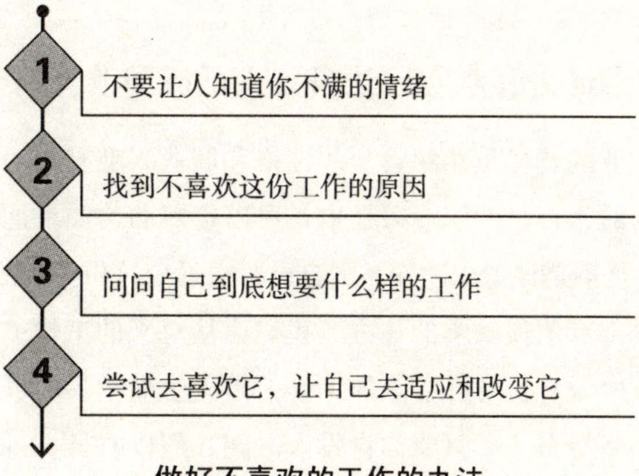

做好不喜欢的工作的办法

办法01：不要让人知道你不满的情绪

如果你不喜欢这份工作，那也不应该让你的同事和上司知道。职场的竞争有时候很激烈，当你还想继续留下来的时候，不要把你对工作的不满和情绪在办公室散开。如果你真的有苦恼，想一吐为快，那么可以找朋友或家人倾诉。在办公室抱怨，只会让你的职业发展受限，而不能改变任何现状。

办法02：找到不喜欢这份工作的原因

尝试找到你不喜欢这份工作的原因，总有一样是最让你不满意的。既然你愿意接受这份工作，说明一开始它有吸引你的地方，所以想想自己当初为什么被吸引。然后再想想，是什么时候开始，你对这份工作有了情绪？什么时候开始你对这份工作感到不满意？找出真正的原因。找出核心问题，再制定方案去解决。

办法03：问问自己到底想要什么样的工作

如果是因为自己跟工作之间不协调，自身的职业性格不适合工作，那么考虑一下，自己到底喜欢什么样的工作，什么样的工作能让你投入，能给你带来成就感，然后尝试找到它。然后看看是否有内部转岗的机会，如果没有，自身的工作是否还值得朝自己喜欢的方向发展，如果不值得，自己选择跳槽，是否能找到自己喜欢的工作？这些问题都值得好好思考。

办法04：尝试去喜欢它，让自己去适应和改变它

每个人对职业的选择虽然跟自身的性格和职业兴趣有关，但是，个人的性格不是一成不变的，自己的职业兴趣也是可以培养的。如果这份工作并没有想象的那么糟糕，是不是该考虑改变一下自己，去适应这份不错的工作。

每一份工作都有值得欣赏的地方，我们应从每天的工作中，找寻工作的乐趣。有人认为可以做一份自己喜欢的工作，是人生最幸福的事，能够乐业就可以在工作岗位上坚持奋斗。只要你肯投入时间，假以时日，自然会不断提升进步，在工作岗位上有所成就。

在工作中，我们很多时候都能寻找到乐趣，正如林肯所说的：“只要心里想快乐，绝大部分人都能如愿以偿。”但许多人不是主动到工作中去寻找乐趣，而是等待乐趣，等待未来发生能给他带来快乐的事情。他们以为找到好工作以后就会快乐起来，这种人往往是痛苦多于快乐。他们不理解快乐是一种心理习惯，一种心理态度，这种态度是可以培养起来的。

能量驿站

职场最可贵的精神——敬业与乐业

敬业就是尊重自己的工作，不断学习，务求精益求精。如果能够喜欢自己的工作，即使再艰辛也能自得其乐，工作自然事半功倍。

裁员减薪声此起彼落之际，找工作固然困难，有工作的也担心下一个被裁的员工会否是自己。在这种消极的大气候之下，只有敬业乐业才可以发挥更佳的工作效率，以表现来保住工作。

拥有敬业精神的员工，能不怕艰辛，敢于为工作拼搏。如果企业内的员工有强烈的敬业精神，自然能够为企业创造更理想的业绩。在面对逆境时，员工可能会对工作缺乏安全感，这逼使他们更加正视目前的问题，了解工作上的要求，并且认真地表现出卓越的水平。所以有人认为在逆境之中，才能发挥员工真正的工作潜能，这或许应验了一句老话：“有压力才有进步”。

有人认为，一个人敬业，自然会愿意做更多的工作，上司见你做得投入，又做得出色，自然“愈叻愈做得多”，这岂不是很吃亏！这种想法极不健康，因为敬业是加强你的工作能力，正因为你把每一项工作做得更好，才会获得上司对你的赏识、同事对你的尊敬。当企业要裁员时，你便不会成为第一个被列入裁员名单的员工。

敬业的员工会乐于接受工作委派，视艰辛的工作为挑战，可以从学习中得到进步。敬业者获得比其他同事更多的锻炼机会，更容易成为行内的专才，在同行中脱颖而出。

每一份工作都有值得欣赏的地方。员工应从每天的工作中，找寻工作的乐趣。有人认为可以做一份自己喜欢的工作，是人生最幸福的事，能够乐业就可以在工作岗位上坚持奋斗。只要员工肯投放时间，假以时日，自然能不断地提升进步，在工作岗位上有所成就。

第五节 敬业会让你更专业

名人名言

不论从事哪种职业，走向成功的第一步，就是必须对这种职业感兴趣。

——欧斯拉

“敬业”——是成为一个好员工的标准，是职场生存的根本。

我们时常会用“兢兢业业”来评价优秀员工，这是一种认可。要想在职场生存下去，必备的条件之一就是要有敬业的精神。

“专业”——是综合能力的体现，是个人腾飞的关键。

只有拥有过硬的专业技能，才有资格在职场中站稳脚步。如果没有出众的本领，没有持续学习的能力，是很快就会被淘汰出局的。

晨涛在一家贸易公司工作了一年，由于不满意自己的工作，他忿忿不平地对朋友说：“我在公司里的工资是最低的，老板也不把我放在眼里，如果再这样下去，总有一天我要跟他拍桌子，然后辞职不干了。”

“你把公司的贸易业务都弄清楚了吗？对于做国际贸易的窍门完全弄懂了吗？”他的朋友问道。

“没有。”晨涛说。

“大丈夫能屈能伸。我建议你先冷静下来，认认真真地对待工作，好好地把他们的一切贸易技巧、文书写作和公司流程完全搞懂搞通，甚至包括如何书写合同等具体事务都弄懂了之后，再一走了之，这样做岂不是既出了气，又能有许多收获？”

晨涛听从了朋友的建议，一改往日的散漫习惯，开始认认真真地工作，甚至下班了，还留在办公室研究商业文书的写法。

一年之后，那位朋友又遇到他。

“你现在大概都学会了，可以准备拍桌子不干了吧？”

“可是我发现，近半年来，老板对我刮目相看，最近更是委以重任，又升职、又加薪，说实话，现在我已经成为公司的红人了！”

“这是我早就料到的！”他的朋友笑着说：“当初你的老板不重视你，是因为你工作不认真，又不肯努力学习；后来你痛下决心，担当的任务多了，专业能力也体现出来了，他当然就会对你刮目相看了。”

认真工作才是真正的聪明。因为认真工作是提高自己能力的最佳方法。你可以把工作当作是一个学习的机会，从中学习处理业务的能力，学习与人交往的能力。长此以往，你不但可以获得更多的专业能力，更为以后的工作发展打下坚实的基础。

对于职场新人来说，在完成了在校学生到职场人士的转变后，只有敬业的工作，在企业中占据一席之地后，才能让自己变得更专业。我们提倡敬业，但也提倡会敬业。

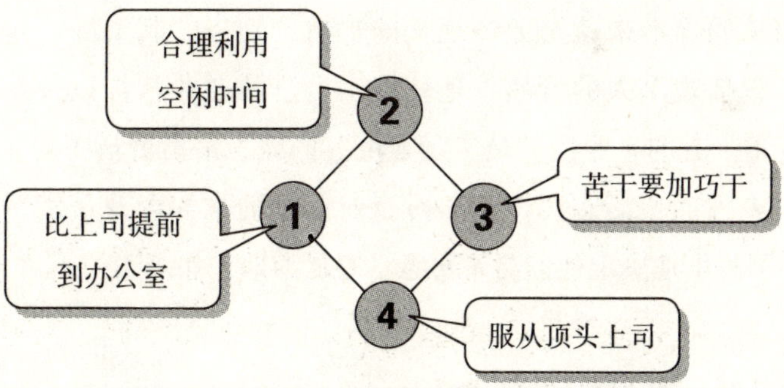

会敬业的窍门

窍门01：比上司提前到办公室

上班迟到的习惯会使你显得缺乏敬业精神，即使上司对你的迟到行为没有多说什么，那也不表示他（她）对此毫不在乎。作为一个尽职的下属，你至少应该比你的上司提前十几分钟到达办公室。

窍门02：合理利用空闲时间

在办公室与同事进行适当的交流是可以的，但上班时间花太多的时间与同事聊天，就会显得工作不踏实、无所事事，同时还会影响同事按时完成工作。如果你完成任务后还有空闲，就把完成的任务细化一下，或准备一下后面的资料，等下次交办你的工作你会顺利高效完成。如果长期高效率、高质量的完成任务，你自然而然就成了公司的主力和顶梁柱。

窍门03：苦干要加巧干

老黄牛勤勤恳恳，埋头苦干的敬业精神值得提倡，但必须注意工作方法。不必要做那种永远的幕后英雄和那种吃力不讨好的事。要知道，领导是没必要也没那个义务去花时间仔细探究这些细节的。有时你做的事情需要你自觉与他们沟通，也要能让领导知道或感受到你付出的努力。否则你越敬业，得罪人越多，而你的上司还蒙在鼓里，说不定哪天听信谗言反而把你炒掉。

窍门04：服从顶头上司

下级服从领导本来就是天经地义的事情，别当“刺头”，过于强调“个性”。这不仅体现个人的素质，还体现出自己的敬业精神以及对本单位认可和别人的尊重。有的企业用“员工敬业度”的概念来衡量员工对工作的投入程度，其中，个人的生活态度、员工对企业前景的认知以及员工对工作是否喜好，都会不同程度地决定他们是否愿意尽心尽力地工作。

能量驿站

如何让自己显得更专业

1．学方法：别装，放下架子，不懂就问

新人在学习行业知识的同时，不免会遇到进入“行业话语体系”的困难，很多时候常会被突如其来的行业特有词汇给唬住。

遇到这种情况，不熟悉的词汇先不要乱用，还是保持自己的本色比较好。同时，不要被满口都是专业词汇的人吓住，真正的见解其实都应该能够用最简单的语言表述。自己要做的是认真倾听、掌握要义、提炼精髓、为我所用，最后，以自己的方式提出观点，影响决策。在这里，虚心和自信要有一个绝妙的平衡。

2. 讲技巧：危机时刻，不要跑，要快走

谁都可能会遇到一些极端的突发情况，有人会因此一下乱了阵法，原有的“专业范儿”全无。但事实上如果把握得当，突发事件却可能成为“出范儿”的绝佳机会。

首先，遇到突发负面事件，“装范儿”是解决不了实际问题的。最好的办法是迅速跟专业的人站在一起：专业的决策者、专业的顾问公司、专业的关系网络。危机，也是检验你的专业能力和让你脱颖而出的机会，因为谁都没有完全的把握，这种时候老板也愿意倾听各方意见。如果你能拿出专业可行的建议，一定会立即得到高分。

3. 小聪明：内修不能忽略外在，该装也得装

“专业范儿”其实是个综合素质。如果一个学有专精的教授，穿着老头汗衫大裤衩，跟你大讲投资理财，估计你心里可能会得犯嘀咕。所以修炼“专业范儿”，外表的基本要求千万不要搞错。比如给客户提案的PPT格式，还有根据具体活动和场合选择着装：自己公司的产品发布会要穿正装，研讨会可穿商务装不打领带，周末参加的商务聚会穿休闲商务装，哪怕是参加公司组织的郊游家庭聚会，也一定要着便装。这些事情一旦搞错会非常得不偿失，在自己老板和客户面前一下子失分。不过，外表并不光指你的穿衣打扮，更在于行为的专业程度。

第七章

7

高效，启动正能量

能量导读

工作中我们都在极力追寻高效率的工作，高效率就是最短的时间内高质量的完成工作量，在现如今飞速发展的时代，时间就是金钱，时间就是生命。没有哪位老板喜欢太慢的员工，工作效率是企业的生存之本，也是员工能够在企业中发展之本。

第一节 练就独门专长，高效工作

名人名言

忙碌和紧张，能带来高昂的工作情绪；只有全神贯注时，工作才能产生高效率。

——松下幸之助

接听电话、处理文件、参加会议，每天忙得像陀螺一样却依旧有很多工作没有完成。没有空闲思考、没有工夫学习、没法删减工作，大量的无用功让你陷入“越忙越没时间长本事，越没时间长本事就越忙”的恶性循环，从而严重的拖延你的工作效率！

像这样的职场人，我们有一个专属的名词“穷忙族”。对于想要从恶性循环中摆脱出来的职场人而言，增强专业能力，练就独门专长也就成了摆脱忙碌状态，提高工作效率的一大重点。

很多时候面对全新的工作你会感觉束手无策。于是便会花费大量的时间查找资料、请教问题。而这些“无用功”很大程度上也是拉低你工作效率的罪魁祸首。因此，想要提高自己工作的效率，你首先就得拿专业能力“开刀”，提升自己的能力。

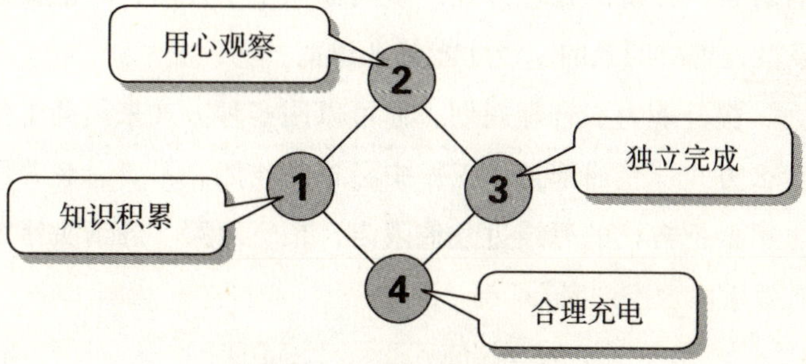

提升专业能力高效工作

提升01：知识积累

除了专业的知识外，你还需对人际交往经验进行积累。对于销售、业务、设计等需要与人打交道的职业来说，沟通的好坏很大程度上也决定着你的工作能否顺利进行。

提升02：用心观察

观察上司、同时的工作技巧。特别是对于工作时间较长的老员工来说，每天大量的工作他们依旧能很轻松地解决，这也在一定成都省显示出他们驾驭工作的能力。工作中遇到问题，不要一味地埋头苦干，多向身边同事请教一下，你会发现自己能学到很多的工作技巧。借鉴他们的安排，结合自身的不足，找到有效的提升途径。

提升03：独立完成

不要总是依赖他人，每个人都有自己本职的工作，不可能会花大量的时间去配合你的工作。所以如果可以的话，摆脱对他人的依赖，将一些能够单独完成的工作提前解决。

提升04：合理充电

无论是网络课程还是短期速成班，合理的充电，都会是提升能力的一个好办法。听君一席话，胜读十年书。培训老师们往往有着丰富的阅历，对于某一特定问题都有着自己独特的处理方式，多向他们学学技巧，融汇贯通。懂得越多，思维越发散，解决问题的途径才能越来越宽。

管理精力、提升能力、合理规划，你可以用多种方式来提高工作效率。但无论你选择什么方式，变通都是你工作中必备的技能。不要总想着用一种思路解决问题，也不要把自己的思维过分地限定，拓宽思路、理清头绪才是你快速解决问题的有效手段。

能量驿站

职场中如何提高工作效率

众所周知，职场就是没有硝烟的战场，就业竞争日趋激烈，学习与工作并存，只有在工作中不断学习的人才不会被职场所淘汰。职场工作压力大、任务繁重，如何才能提高工作效率呢?

1. 充足的睡眠

俗话说："会休息的人才会工作"。对于职场人士来说，工作将一直伴随着自己的生活，所以，有一个规律的作息时间，保证充足的睡眠时间才能精力充沛的去工作。小编建议职场人士每天晚上11点睡觉，早上7点起床，中午午睡半小时，相信在睡觉充足的情况下，一定能集中精力，高效完成工作任务。

2. 提前半小时到公司

职场人士都知道，迟到是一种不好的表现，提前到却有很多好处，最重要的就是可以不慌不忙地吃完早餐，提前准备今天的工作。俗话说"早起的鸟儿有虫吃"，提前进入工作状态，把一切事情都做在前面，提高工作效率，这样才有多余的时间学习，才有信心在职场打拼下去。

3. 制订一份工作表

职场人士可以制订一份工作表，在表格上列出自己每天要做的事情，并且在完成这些事情的时候，按照难易程度来做，可以先做简单的，然后处理几个比较复杂的，这样比较有针对性，目的性也比较强。因为简单的事情做得很快，当看到很多项事情处理得没几件时，人就会变得很轻松，在放松的状态下去工作，效率自然高。

4．加强专业技能的学习

很多人说，大家会的东西我都懂，但为什么我就是做得比他们慢呢？难道是智商差异？其实，还是因为专业功夫不到家，人们常说，“熟能生巧”“刀要经常磨才会快”，工作技能也是一样，光懂还不行，还得熟练。所以，职场人士要多练兵，不能抱怨这些都是机械重复性的工作，更不能因这些概念而不去动手。

做好了以上4点外，平时还要多注意自己的情绪。在工作、生活的双冲压力下情绪很容易出现波动，心情烦躁也是影响工作效果的一个很大的因素，只要处理好心态、明确工作方向、虚心请教，工作效率自然就会提升上去。

第二节　培养好习惯，高效工作

名人名言

世界上只有两种物质：高效率和低效率；世界上只有两种人：高效率的人和低效率的人。

——萧伯纳

一个人成功的欲望再强烈，也会被不利于成功的习惯所撕碎，而融入平庸的日常生活中。所以说，思想决定行为，行为形成习惯，习惯决定性格，性格决定命运。你要想成功，就一定要养成高效率的工作习惯。

确定你的工作习惯是否有效率，是否有利于成功，我觉得可以用这个标准来检验：即在检查反省自己工作的时候，你是否为未完成工作而感到忧虑，即是否有焦灼感。如果你应该做的事情而没有做，或做而未做完，并经常为此而感到焦灼，那就证明你需要改变工作习惯，找到并养成一种高效率的工作习惯。

那么，在职场中，该养成什么样的工作习惯，来提高自己的工作效率呢？

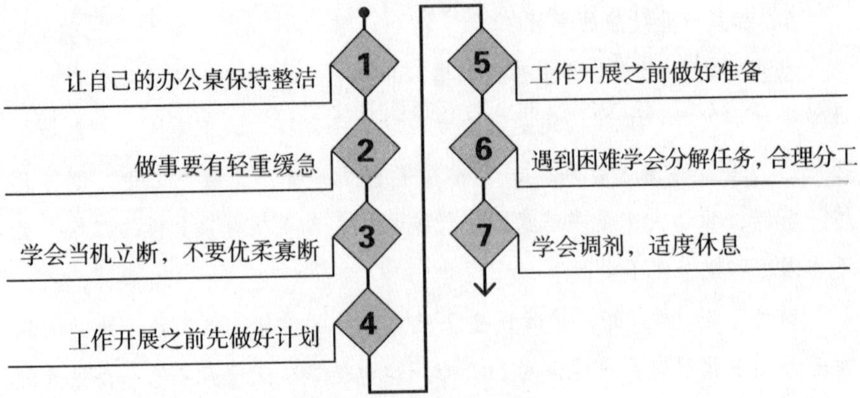

提高工作效率的好习惯

习惯01：让自己的办公桌保持整洁

你要清除办公桌上的日常用品，只留下与你正要处理的问题有关的东西。

芝加哥与西北铁路公司的总裁罗兰德·威廉姆斯说："一个桌上堆满很多种文件的人，若能把他的桌子清理开来，留下手边待处理的一些，就会发现他的工作更容易，也更实在。我称之为家务料理，这是提高效率的第一步。"

如果你到华盛顿的国会图书馆去，就会看到天花板上漆着11个字，这是著名诗人波普写的，这11个字是：秩序，是天国的第一条法则。

习惯02：做事要有轻重缓急

遍及全美的都市公司的创始人亨利·杜哈提说，不论他出多少钱的薪水，都不可能找到一个具有两种能力的人。这两种能力：第一，思想的能力；第二，能按事情的重要程度行事的能力。

查尔斯·卢克曼从一个默默无闻的人在十二年之内变成了派索登特公司的董事长，这都归功于他具有以上两种能力。他说："我每天早上都在五点钟起床，考虑计划一天的工作，按事情的重要程度来决定做事的先后次序。"

习惯03：学会当机立断，不要优柔寡断

已故的豪威尔在美国钢铁公司任董事的时候，董事会开会总要花很长的时间讨论很多很多的问题，但达成的决议却很少。其结果是，董事会的每一位董事都得带着一大包的报表回家去看。

最后，豪威尔先生说服了董事会，每次开会只讨论一个问题，然后做出结论，不耽搁、不拖延。这样做的结果非常有效。所有的陈年旧账都清理了，董事们再也不必带着一大堆报表回家了。

习惯04：工作开展之前先做好计划

在工作开展之前，先理清思路，将工作的条目列出来，分轻重缓急来排序。这样做的好处是，你会精确地找到需要优先处理的问题，从而避免被那些不重要的事情分散精力。

某电器公司办公室干事王小姐介绍说："以一天的计划表来说，首先列出你必须做的事，这些是你今天的首要工作；然后再列出应该做的事以及可以做但并不急于一时的事。然后评估各项工作所需的时间，再决定如何把时间分配到这些工作上。记住，应该把最重要的事情放在一天中状况最好的时间段去做。一天的时间规划完成后，可以延伸成一周的计划，将一周内最重要及必须做的事规划好。"

开展工作的同时要及时与同事、领导沟通确定工作的方向、重点、流程。

不要盲目干活，养成把握重点、循序渐进、集中力量的习惯，决定次序，从最重要的事情着手。先决定哪一个工作比较重要，必须优先去做；哪些不是那么重要，可以缓办。

习惯05：工作开展之前做好准备

在每项工作开展之前，先想清楚需要什么。如果在工作过程中再花时间去寻找所需的资料或工具，只会增加工作时间成本。如果在事前就将能想到的资料或工具都准备好，那么就可以达到随时可以用到的目的。

某木工机械有限公司会计马女士谈到她的经验时说："如果工作时间是弹性制的，建议还是'早做早回'好。不要将工作拖延到非做不可的时候，那样出错的概率大且不说，还难免让你手忙脚乱。"

而且加班加点只会引起恶性循环，马女士建议，早点开始工作能从容应对，在有效的时间内完成。

习惯06：遇到困难学会分解任务，合理分工

遇到困难复杂的工作不要盲目地眉毛胡子一把抓，别蛮干。先将工作项目和同事一起进行拆解，分步、分类，然后进行合理分工。团队的力量是最大的，困难复杂的任务经过全组的努力都可以非常迅速地完成，而且大家也很轻松。

但是，分工的同时也要讲清每个步骤需要达到什么样的结果，如果有特定需要的一定要事先与同事沟通，否则一旦返工，大家都很麻烦，还影响工作效率。如果每个环节都安排详细而且对接完善，那么工作效率一定会有大幅度的提升。

习惯07：学会调剂，适度休息

很多职场人都有一种错误的观念，那就是"加班好"，其实这是很不科学的。

很多新人都以为多做一点事情、多花一点时间就会有多一点收获，但人在筋疲力尽的状态下反而容易犯错，也许隔天醒来又要从头来过。

这个时候，选择休息一天，或许工作效率会更高。而且，计划未必能完全按照期望进行，所以在忙碌工作之余，不要忘记给自己留出休息时间放空压力，以便更好地工作。

能量驿站

职场高效工作有高招

1. 给自己一个看得见的奖励

今天的事，应该在今天做完，千万不要拖延到明天。在拖延中你所耗

去的时间和精力足够让你把那件事做好，拖延是事业成功的大敌。

喜欢拖延的人总是有很多借口：工作无聊、辛苦、环境不好、老板的计划不合理，等等。其实这些没有什么不能克服。

你可以给自己鞭策，也可以给自己奖励，比如坚持一个星期没有拖延，就请自己吃上一顿最爱吃的美食，作为继续坚持下去的动力！

2．提醒自己团队合作要高于个人意识

作为一名员工，在任何时候都不应该自作聪明地设计工作进程，期望工作期限可以按照你的计划或期待而后延。

在团队中有时候工作不仅仅是一个人的事，更多时候需要配合别人、或寻求别人的支持，一味地希望别人配合自己的工作习惯很容易导致整个团队效率低下。所以，当拖延症泛滥时，提醒一下自己团队合作意识要高于个人意识，用心中勤奋的天使战胜懒惰的魔鬼。

3．谨记工作的最后期限

成功人士都会谨记工作期限，他们非常清楚，在所有老板心目中，最理想的是“今日事，今日毕”。而这一要求，是保持恒久竞争力不可或缺的因素。一个总是能及时甚至提前完成工作的员工永远都会获得老板的欣赏。

具体到实际工作中，就是一定要记得工作完成的最后期限，无论如何尽量在这个时间点以前克服所有的困难，把工作搞定。其实这样也有利于制定细致的动作流程，按照规划一步步实践。这样工作起来要比没头苍蝇一样胡乱作战要有效率得多。

4．记住——老板永远不会等你

在商业环境节奏越来越快的今天，大至企业，小至员工，要想立于不败之地，就必须奉行“把工作完成在昨天”的工作理念。

大部分老板都是心急的人，为了生存，他们恨不得把一分钟分成八分钟来用。所以，要老板多花时间等你的工作结果，比浪费金钱更能让他心疼。

没有哪个老板能够长期容忍办事效率不高的员工。你要想在职场中一路顺风，最实际的办法就是让手中的工作及时消化，也就是说，你应该在“罗马应该于昨天建成”的心理状态下，对老板交代的工作，在第一时间内进行处理，争取让工作早日完成，让老板放心。

当然，等工作完成了，就更不能愚蠢地等待老板开口问你“什么时候能做完那件事”的时候才把工作成果奉上，这样你在老板心目中就会被烙上“做事不主动”的烙印。

最后，当老板向你提出了苛刻的工作期限时，不要反驳和抱怨。将心比心，如果你是老板，一定也会希望员工能像自己一样，将公司当成自己的事业，更加努力、勤奋、积极主动，好让工作在最短的时间内完成。

第三节　管理好时间，高效工作

名人名言

如果说金钱是商品的价值尺度，那么时间就是效率的价值尺度。因此对于一个办事缺乏效率者，必将为此付出高昂代价。

——培根

职场里，没有哪个上司不喜欢能高效率完成工作的员工。但是很多员工恰恰忽略了这一点，认为每天把自己份内的事情做好才是与自己的薪酬对等的。实则不然，做好自己的工作固然重要，但是如果能有效率地来完成工作，会让上司对你另眼相看。所以职场高效率在于管理好自己的时间。

某天清晨，志刚在上班途中，信誓旦旦地下定决心，一到办公室即着手草拟下年度的部门预算。

他准时于九点整走进办公室。但他并没有立刻开始预算草拟工作，因为他突然想到不如先将办公桌及办公室整理一下，以便在进行重要的工作之前为自己提供一个干净与舒适的环境。

他总共花了三十分钟的时间，使办公环境变得有条不紊。他虽然未能按原定计划在九点钟开始工作，但他丝毫不感到后悔，因为三十分钟的清理工作不但已获得显然可见的成果，而且它还有利于以后工作效率的提高。

他面露得意神色随手点了一支香烟，稍作休息。此时，他又无意中发现报纸上的彩图照片是自己喜欢的一位明星，于是情不自禁地拿起报纸来。等他把报纸放回报架，时间又过了十分钟。这时他略感不自在，因为他已自食诺言。不过报纸毕竟是精神食粮，也是重要的沟通媒体，身为企业的部门主管怎能不看报？何况上午不看报，下午或晚上也一样要看。这样一想，心也就放宽了。

于是他正襟危坐地准备埋头工作。就在这个时候，电话声响了，那是一位顾客的投诉电话。他连解释带赔罪花了二十分钟的时间才让对方平息怒气。挂了电话，他去了洗手间。

在回办公室途中，他闻到咖啡的香味。原来另一部门的同事正在享受“上午茶”，他们邀他加入。他心里想，刚费心思处理了投诉电话，一时也进入不了状态，而且预算的草拟是一件颇费心思的工作，若头脑不清醒，则难以完成，于是他毫不犹豫地应邀加入，前言不搭后语地聊了一阵。

回到办公室后，他果然感到精神奕奕，满以为可以开始“正式工作了”——拟订预算。可是，一看表，乖乖，已经十点四十五了！距离十一点的部门例会只剩下十五分钟。他想，反正在这么短的时间内也不太适合做比较庞大耗时的工作，干脆把草拟预算的工作留待明天好了。

从志刚身上可以看到许多时间管理者的影子，一旦养成这种拖延的恶习，终将一事无成。莎士比亚有句名言：“放弃时间的人，时间也会放弃他。”若是时间放弃了你，等待你的将是无限制的恶性循环，如果不及时醒悟，后果将不堪设想。

那么在职场中，我们该如何管理自己的时间，做一名高效达人呢？

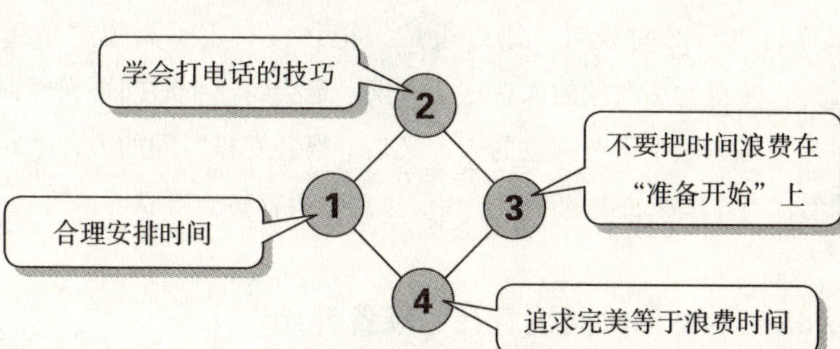

管理时间的方法

方法01：合理安排时间

很多人都会抱怨工作太多、太忙了，天天加班，连约会的时间都没有了，其实有没有发现很多时候，只是你没有把工作合理地安排好，所以做起来就会手忙脚乱、事倍功半呢？

其实每天晚上，把第二天要做的工作简单地写下来，在把这些事情按照重要程度排列起来，第二天只要按照记录下来的顺序逐个去完成各项工作就好了。完成这些工作最好的方法就是给每个工作都留出一个专门的时间来。

比如：工作1安排在九点到十点之间来完成，那在这个时间段里，就不要再去考虑工作2、工作3、工作4要怎么完成，什么时候开始做等问题，而专心做工作1，这样你会发现工作变得容易，效率也提高了。

很多人常常把时间浪费在考虑如何写备忘录、公函、资料汇总和表格等上。其实，这样的工作只要利用以前写过的文字资料稍加修改就可以了，同时也可以节省大量的时间。

方法02：学会打电话的技巧

如果每天都要打很多的电话，那么你有没有学会打电话的技巧呢？

金融家J.B.富卡通过电话集中做生意，发了大财。他最重要的策略是在打电话之前把要说的话写下来。有些人打电话的时候总是说不到重点，让接电话的另一方觉得你很不专业，条理很不清晰。

其实，并不是你的能力问题，只是在对方接听电话的一瞬间，让你变得紧张，而忘了之前想说什么了，如果你也有这个问题的话，不妨就把你打电话想说的内容用笔写下来，打电话的时候照着念，就会避免被误解的尴尬了。

如果你打电话的时候对方刚好很忙，记住，一定不要说“稍后再打给您。”因为，懂得运用时间的人在这个时候一定会约一个时间再回电话，这样既会让对方觉得你是个很有诚意的人，又是个很会安排时间的人，令对方对你的印象深刻，当你再次去电的时候，相信生意也很容易会谈成了。

方法03：不要把时间浪费在“准备开始”上

很多人在接到新工作的时候，都喜欢做各种准备。这种准备，有心理上的，也有物质上的。

当觉得一切准备妥当开始工作的时候，其实已经浪费了大量的时间，你浪费掉的这些时间可能已经足够你完成新工作的一个环节了。有这样一句话："种树的最佳时间是20年前，仅次于它的最好时间就是现在。"所以，当你接到新的工作的时候，马上就去做，不要去考虑：这个新工作我做不好怎么办？这个事情我以前没接触过怎么办啊？这个工作应该是××的工作啊，怎么给我做了？这个工作怎么做才是最好最快的呢？……

你考虑的这些问题其实就是根本不存在的问题，而你在这些根本不存在的问题上浪费时间，就是在为自己晚上加班做准备。所以，抛开所有的顾虑，马上投入工作才是王道，这样你也会被自己的工作效率而感到意外。这也是著名的色彩顾问苏珊娜·凯吉尔的做事原则。

方法04：追求完美等于浪费时间

很多人都以自己是个"追求完美"的人而引以为豪。但其实最求完美与喜欢拖延时间的人浪费的时间是一样多的。一个小时可以完成的工作，为了所谓的完美，而花2个小时才做完，那在你老板的眼里，你不是一个"追求完美"的人，而是一个办事能力差、工作效率极低的人。

著名影星张曼玉曾说过一句话："你花15分钟化的妆和你花50分钟化的妆，在别人眼里是没有任何区别的。"这就说明，你所谓的完美只是针对你个人的。其实，只要在规定的时间内，拿出可能的最佳方案，即使这个方案不那么完美，它也是你在规定的期限内做的最大的努力就可以了。

当你高效率地完成了一项工作或是解决了一个难题时，你不仅仅是节约了时间，也会令你的上级和同事对你刮目相看。

能量驿站

职场人：高效管理你的时间

每个人都知道时间无法增加。无论是谁，再怎么努力，一天都只有二十四个小时。然而，还是有许多人希望拥有更多时间。而且只要是做自已想做的事、开心的事，时间便永远也不嫌长。

如果从这个观点来解读，时间其实可以增加。一个人要增加个人可自由运用的时间，并不是天方夜谭。

尽管对一般的OL来说，从早九点到晚六点之间的时间都受到约束，但在工作中增加做自己喜欢的事情的时间、或减少加班等，都等于变相增加时间。

1．整体规划得好就能提高工作效率

一般来说，多数人都是以“点”的概念来看待工作，但事实上，多数工作都是以线或面的概念呈现。所谓的线是指工作的持续性，而面则是指工作必须与同事或公司外的人共同合作进行。你在展开目标工作之前，请先看一下整体，就是全部的时间分配，包含进行其他工作的时间在内。在面对堆积如山的文件时，你首先要思考的应该是什么才是最有效率的整理方法；再来考量适当的整理时机和顺序才行，因为整理文件并不是手边唯一的工作。

2．冷静排列出作业顺位

很多职场人都有一个共同点，一旦接到一项大任务，无论好坏都会不自觉地亢奋起来，整个人处在一个热血沸腾的状态。但也有人会因为不满该项任务掉到自己头上而气愤抗议。但是，不管是因为揽到好工作而兴奋不已，还是因为被迫接下任务而火冒三丈，工作中还是得非做不可。因此，你在真正要开展工作的时候，首要是让情绪沉静下来，好好想下该怎么运用时间，冷静思考一下作业的顺序。做好整体的规划以后展开实际操作，这样才会取得好的效果。

3．整理东西同样需要计划

虽然说时间管理的终极观点是“没有所谓的优先顺位”，该做的事要全部都完成才行。但是，难免会遇到“尽力就好，做不到就算了”的情况。面临这种时候，大部分的人都会先处理自己认为重要的工作，这种做法不能说完全错误。但是要是进一步思考的话，也会发现这样的做法与妥善利用时间并不能画上等号。例如整理文件的时候，一般做法会是先把重要的文件挑出来，防止和那些不重要的弄混。但是与其一开始就决定哪个重要哪个次要，还不如先把全部的文件检查一遍，一一分类到不同的箱子后，再做进一步处理，这样说不定会更有效率。

当然，采取何种策略要视具体情况而定。但是无论是哪种情况，都还是要提醒自己“优先顺位”或“工作内容”与“作业的步骤”是两回事，需要先行厘清。

第四节　克服拖拉，高效工作

名人名言

人只有替自己做事才会效率很高的，替别人做事才会拖拖拉拉。组织如果能把团体弄得像一个人一样，效率就高了。

——曾仕强

本来白天可以完成的工作，非得拖到晚上，甚至次日早晨。本应马上完成的工作，却先放一边，开始看看微博、浏览各大网站的热门帖子……直到最后一刻才不得不开始工作。这种现象被称为职场拖沓症，是指那些办事缓慢、时间观念不强、总是打不起精神来的工作者的表现，它存在于职场中的每个角落。对于初入职场的新人来说，千万不要养成这种拖拉的习惯，它于己于公司都是不利的。

在某广告公司从事文案工作的小马，现在越来越觉得自己的工作状态不正常，明知道马上要交任务，却还是会不由自主地玩网络游戏、给博客贴照片、在各大论坛看帖子，直到最后一刻才不得不开始工作；白天本来可以完成的工作，一定要耗到晚上，甚至次天早晨。心里虽然很焦虑，但总想再等一下，能拖一秒是一秒，一个上午或一个下午就这样被消遣过去了。他知道必须要做出改变，但事到临头，往往还会重蹈覆辙。“发现自己总是这样做事拖沓，但是怎么也改不掉。”小马懊恼地说。

类似情况其实在不少职场人身上都有发生：每天都很忙，却不愿去面对最重要的事情。尤其是伴随着互联网的发展，人们花在网络上的时间越来越多，而人的注意力极容易被分散，网络已成为不少职场人逃避工作的借口，被认为是工作拖沓的罪魁祸首之一。此外，对自身工作能力的不自信，易产生逃避心理，常以疲劳、状态不好、时间充足等借口来拖延工作进度；工作任务经常重复没有挑战性，不能由自己来掌控，必须去做等，也容易出现工作拖沓。

人人都会有拖沓的时候，只是每个人的程度不一样而已，这跟每个人都或多或少地存在一些心理问题一样。其实拖沓更多的原因是习惯所带来的，可能跟个人的性格特点、生活环境、家庭背景等多方面原因有关。拖延有时候看起来没什么大不了。很多人都有过把该干的工作拖到最后，期限要到了才加班加点赶工完成的情况。甚至有时候因为时间的压力，人变得更敏捷、更专注，工作反而完成得更快更好。然而，当做事拖沓形成习惯，事无巨细，甚至在自己非常看重的问题上都拖延；当自己深深地被其困扰，无数次寄望于“第二天”能改变但还是身不由己地拖下去的时候，做事拖沓就确实变成了一个严重的问题，需要认真地面对和解决。

在职场上，拖延症存在不良的后果，如耽误工作、影响情绪、破坏团队协作和人际关系。那我们该如何克服拖拉，从而高效地工作呢？

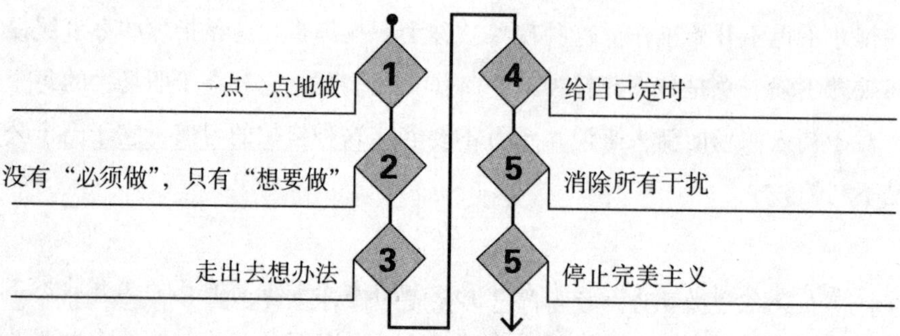

克服拖拉高效工作的原则

原则01：一点一点地做

有些任务，乍一看，感觉是无法实现的，或是需要付出莫大的努力，于是就导致我们竟然什么都没做。我们千万不要因为某些工作或压力而气馁，这很重要，我们处理它们的方法应该是逐渐启动，就像小孩学走路时最初的那一小步，采用一种倒金字塔的方法，你很快就能发现事情有了实质的开始。

原则02：没有“必须做”，只有“想要做”

如果一些事情让你感觉是“必须”要去做的，那就会不由自主产生一种消极抵触的情绪，因为“被迫”做一件事情自然就会产生这种情绪。这也是导致拖拉的重要原因，这种抵触情绪大都发生在工作中。要避免这种情况的发生，就必须把“必须做”转化成“想要做”。要学会在将要做的任务中寻找让你高兴的方面，哪怕仅仅是一点点也要一直想着它，这样就会逐渐形成“想要做”的思维习惯。

原则03：走出去想办法

导致拖拉的一个常见的原因是没有主意，特别是处理某些需要创造性想法的任务。确实，我们每人都有思路卡壳和畅通的时候，但是如果思路堵塞的时间太长，拖拉就会发生。因此，出去走走，理清一下思路，注意观察和分析你看到和碰到的任何事情。拿起笔和本子或者其他必要的东西，开始描述你看到的东西。只要是你想到的，都有可能在某个时候用得到。

原则04：给自己定时

很多人拖拉的原因是因为他们有太多的时间，所以就可以把事情推托到下一小时，下一天，甚至是下一周。你应该走到办公桌前，拿起闹钟，设定在10分钟，30分钟或其他你觉得你应该能完成你该项工作的时间。要确保不能留太多的余地，这将有效帮助你激发自己去完成工作，更重要的事情是帮助你集中注意力。

原则05：消除所有干扰

就是让你关掉聊天工具、电视，不要收e-mail，断掉任何网络（最好拔掉网线），关掉音乐以及任何细小的干扰，任何能影响你注意力的事情。所以我们最好通过消除任何可能导致你突然终止工作的干扰因素来避免这种情况的发生。

原则06：停止完美主义

另外一个导致拖拉的因素是完美主义。努力把事情做到最好是人的天性，但是有时候沿着这条思路我们会产生反应过度的企图，变成了完美主义者。一开始我们就想着要把事情做得完美无缺，但这会需要很多的工夫，最终导致很大的压力，导致拖拉。这是因为你的大脑很快就能把这些任务和这些压力联系到一些，产生抵触的意识，常见的后果及做法就是推迟、延期。

没有完美的人和事物，认识到这一点很重要。正是因为这不完美才让我们周围这个世界变得如此美丽、如此各具特色。你可能会试图写一篇最完全的最有价值的文章或编写一个最完美的软件，但你永远不会成功，因为什么事情都有可以再改进的空间。你要明白，今天完成的不完美的工作远优于无限期拖延的完美的工作。

能量驿站

高效工作从办公室开始

（1）了解你每天的精力充沛期。通常人们在早晨九点左右工作效率最高，我们可以把最困难的工作放到这个时段来完成。

（2）每天集中一两个小时来处理手头紧急的工作，不接电话、不开会、不受打扰。这样可以事半功倍。

（3）立刻回复重要的邮件，把不重要的抛开。若任它们积累成堆，反而更浪费时间。

（4）做个任务清单，将所有的项目和约定记在效率手册中。手头一定要带着效率手册以帮助自己按计划行事。一个人一天的行为中，大约只有5%是属于非习惯性的，而剩下的95%的行为都是习惯性的。

（5）学会高效地利用零碎时间，用来读点东西或是构思一个文件，不要发呆或做白日梦。

（6）减少回电话的时间。如果你需要传递的只是一个信息，不妨发个手机短信。

（7）对可能打来的电话做到心中有数，这样在你接到所期待的电话后便可迅速找到所需要的各种材料，不必当时乱翻乱找。

（8）学习上网高效搜寻的技能，以节省上网查询的时间。把你经常要浏览的网站收集起来以便随时找到。

（9）用国际互联网简化商业旅行的安排。多数饭店和航线可以网上查询和预订。

（10）只要情况允许就可委派别人分担工作。事必躬亲会使自己疲惫不堪，而且永远也做不完。不妨请同事帮忙，或让助手更努力地投入。

（11）做灵活的日程安排，当你需要时便可以忙中偷闲。例如，在中午加班，然后早一小时离开办公室去健身，或是每天工作10个小时，然后用星期五来赴约会、看医生。

（12）在离开办公室之前开列次日工作的清单，这样第二天早晨一来便可以全力以赴。

8 第八章

沟通，启动正能量

能量导读

21世纪是一个社交化的社会。生活中的每一天我们都会与别人交流。沟通随时随地都伴随着我们，沟通是我们工作、生活的润滑油。沟通是消除隔膜，达成共同远景、朝着共同目标前进的桥梁和纽带。沟通更是学习、共享的过程，在交流中可以学习彼此的优点和技巧，提高个人修养，不断完善自我。

第一节　有效沟通从倾听开始

名人名言

如果希望成为一个善于谈话的人，那就先做一个致意倾听的人。

——戴尔·卡耐基

身在职场，与人和睦相处就要注重人与人之间的沟通。如果说沟通的艺术是听与说的艺术，那首先是倾听的艺术。成功人士，大多善于倾听他人，以此促进沟通，获取信息、吸收营养。

倾听是人际关系的基础。倾听是我们获取更多信息，是正确地认识他人的重要途径。古人曰：听君一席话，胜读十年书。一个人如果总是张嘴说，学到的东西会很有限，了解的真相会少得可怜。相反，如果善于倾听，乐于分享别人的信息与情感，别人也会乐于给出建议。由此，你会学到很多东西，发现许多解决问题的新办法。

倾听是一种礼貌，是尊重说话者的一种表现，也是对说话者的最好的恭维。因此，倾听能让你了解你的沟通对象想要什么，什么能够让他们感到满足，什么会伤害或激怒他们。有时，即使你不能及时提供对方所需要的，只要你乐于倾听，不伤害或激怒他们，也能实现无障碍地沟通、创造性地解决问题。

倾听是沟通的基础，可以使同事、下属或上级乐意讲述甚至倾诉，令对话持续不断，有利消除隔阂、减少误会。倾听还可以了解上司、同事与下属的感受、观点与需要。

通常，人都很自我，总是喜欢说，喜欢表达，而忘了别人也有同样的需要。因此，懂得倾听不失为一种艺术。而在倾听的过程中，也要掌握一定的技巧。

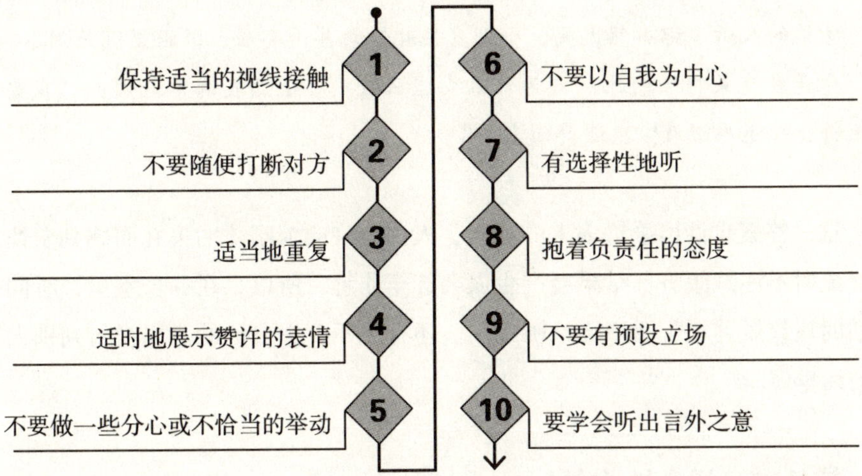

倾听的技巧

技巧01：保持适当的视线接触

在倾听时要保持适当的视线接触，目光对视是对别人的基本尊重。有的人说话的时候喜欢看着没人的地方，虽然他的本意不是轻视对方，但给别人的感觉就是不舒服。别人说话时，你不仅要用耳朵去倾听，更要用目光去关注，才能鼓励别人敞开心扉，才能说出能够打动对方的话语。

技巧02：不要随便打断对方

在倾听的过程中，注意不要随便打断对方，你应该让对方将自己想表达的意思说完整以后，再表达自己的想法。如果别人说一句话，甚至一句话未完，你就开始讲述自己的观点，老是这样的话，这就已经不是倾听，而是讨论甚至是争论了。

美国知名主持人林克莱特一天访问一名小朋友，问他说："你长大后想要当什么呀？"小朋友天真地回答："嗯，我要当飞机驾驶员！"林克莱特接着问："如果有一天，你的飞机飞到太平洋上空，所有引擎都熄火了，你会怎么办？"小朋友想了想："我会先告诉坐在飞机上的人绑好安全带，然后我挂上我的降落伞先跳出去。"

旁边的人听了都哄然大笑，小朋友见此情景甚是委屈，眼眶里满是泪水。

于是林克莱特又问他："为什么要这么做？"小朋友真挚地说："我要去拿燃料，我还要回来！我还要回来！"

这一答案也许出乎许多人的意料，人们也许会为刚才的失礼而感到羞愧。在交流时不注意倾听，结果会产生误会甚至曲解。所以，在办公室里，听同事说话时应该做到：听话不要只听一半。还有，不要把自己的意思投射到别人所说的话里面。

技巧03：适当地重复

听别人说话时，听完之后最好是将对方所说的话进行简单的概括，并且复述给对方听，以显示出你在用心听别人说话，而且还在和他一起思考，这样做会让他感觉找到了知音，找到了一种共鸣。注意，只是概括对方说话的内容并且简要复述，这是一种确认，并非否定对方的思想，你应该尽量避免出现太多的否定词，不管别人的观点是否通情理。

技巧04：适时地展示赞许的表情

职场交流沟通时不仅仅需要听对方谈话，有时还要根据对方讲话的内容适时表现自己的赞许或者意见。但是在对方讲话时又不适合打断对方，这时面部表情很重要。在倾听对方谈话时适当展示赞许的表情不仅能表现自己的观点，还能鼓励对方说下去，这样更有利于职场沟通的进行。

技巧05：不要做一些分心或不恰当的举动

在职场与人沟通时要全身心地投入，特别是一些重大的谈判时，更需要打起十二分的精神。所以，在倾听时不要做一些分心或者不恰当的举动。交流时分心或者不恰当的举动不仅会影响对方的说话，还会直接影响自己的职业形象和职业素养。

技巧06：不要以自我为中心

在良好的沟通要素中，话语占7%，音调占38%，而55%则完全是非言语的信号。通常，人们在沟通时会在不知不觉中被自己的想法缠住，而漏失别人透露的语言和非语言。所以，沟通是千万不要以自我为中心，把自己搞成沟通有效倾听的最大障碍。

技巧07：有选择性地听

有效的倾听，不是被动、照单全收；它应该是积极主动地倾听。如此你会更了解对话内容、更懂得欣赏对方，回答也更能切中要点。

技巧08：抱着负责任的态度

负责任的态度能增加你与他人对话成功的机会。参加任何会议前，都要妥善准备，准时出席，不要随意退席或离席，而且要集中注意力。你是否有过和别人说话，而对方却心不在焉的经历？不要坐立不安、抖动或看表。如果你能决定会议的场地，选一个不会被干扰、噪声少的地方。如果在你的办公室，走出有权威障碍、妨碍沟通的办公桌，站或坐在你谈话对象的身旁。如此，会让对方觉得你真的有诚意听他们说话。

技巧09：不要有预设立场

如果你一开始就认定对方很无趣，你就会不断从对话中设法验证你的观点，结果你所听到的，都会是无趣的。

技巧10：要学会听出言外之意

世杰是一位很优秀的楼房销售人员，他在总结成功经验时说："我成功的原因在于我不但能细心聆听客户讲的话，而且还能听出没讲出来的话。"有一次，他在讲出一幢房屋的价格时，客户说："哪怕琼楼玉宇也没有什么了不起。"可是说的声音有点犹豫，笑容也有点勉强，世杰便知道客户心目中想买的房子和他所能买得起的房子显然有差距。

见此情景，世杰迅速地说："在你决定之前，不妨多看几幢房子。"结果是皆大欢喜。那位客户买到了他能买得起的房子，生意成交。

即使听自己最喜爱的人说话，也容易只听到表面的含义，而忽略了话中有话。"你的钱用光了？这是什么意思？全家的人只晓得拼命花钱！"这番气冲冲的抨击话语可能与家庭的开支无关。真正的含义是什么？是"我今天的工作已经把我折腾够了，我正想发脾气。"

要是你善解人意，便听得出这番气话隐藏着委屈和挫折。在较为心平气和时，只用稍微说一两句表示关心的话，比如，"你今天看起来很疲倦，今天很辛苦吧？"，就可帮助一个满腹牢骚的人，以不伤感情的方式消气。

职场点拨

在办公室里，倾听是了解同事想法，且赢得对方好感的捷径。不论对方说的是鸡毛蒜皮的生活琐事，还是日常工作中的林林总总，只要用心聆听，就能从中筛选出有价值的信息，加深对同事和工作环境的了解，同时也会被说话的人引为知己。

第二节　学会与上司沟通的方式

名人名言

如果想要改变自己的人生，就必须谨慎选用字眼，因为这些字眼能使你振奋、进取和乐观。

——安东尼·罗宾斯

人与人之间的沟通主要是通过接触和语言来实现的。在办公室里，作为下属，只有主动跟上司做面对面的接触，让自己真实地展现在上司面前，才能令上司认识到你的才能，才会有被赏识的机会，才能让自己在办公室里工作起来游刃有余。

不同上司喜欢用不同方式去管理。下属在与上司沟通时，必须懂得自己的上司有哪些特别的沟通倾向，这对沟通成功与否至关重要。

雯洁年轻干练，性格也很开朗，入行才几年，职位不断升迁，不久便成为单位里的主力干将。前几天，公司的新领导走马上任，刚上任没多久，领导就把雯洁叫到办公室并说："雯洁，你经验丰富，能力又强，这里有个新项目，你就多费心盯一盯吧！"

受到领导的重用，雯洁欢欣鼓舞。恰好这天要去某个城市进行谈判，雯洁合计后，觉得人多，坐公交车不太方便，人也受累，这有可能会影响谈判效果；打车的话，一辆车坐不下，两辆又太贵；还是包车好，经济又实惠。

雯洁想好后，并没有直接去办理。在职场呆了一段时间的雯洁，觉得这件事情应该与领导沟通一下。于是，雯洁来到领导的办公室，并说："领导，您看，我们今天需要出去一下。"雯洁把几种方案的利弊给老板分析了一番后，紧接着就说："所以，我决定包一辆车！"说完这句话，雯洁发现领导不知什么时候面露不悦了。领导生硬地对雯洁说："是吗？可是我认为这个方案并不好，你们还是坐长途车去吧！"这时雯洁愣住了，让她想不明白的是一个合情合理的建议竟然被打了回去。

“按理说这是没道理的呀，傻瓜都能看出来我的方案是最佳的。”雯洁大惑不解。

通过这个故事可以看得出：雯洁凡事向领导汇报、主动与领导沟通的意识很好，错就错在她“措辞不当”。她不该说：“我决定包一辆车！”在领导面前，这无疑是对他的尊严和威严的无视，所以说与领导沟通也是要讲技巧的。

假如雯洁能这样说：“领导，我们有三种方案，各有利弊。我个人倾向于包车，但我做不了主，您经验丰富，帮我做个决定好吗？”领导听了之后，一定会愿意做个顺水人情，答应员工的请求，这样岂不是很好？

总之，在同上司沟通的时候，要注意一定的沟通技巧。不要盲目地同上司沟通，也不要没有任何原则地同上司沟通，否则容易让上司对自己生厌，更容易让老板远离自己。所以，一个人在职场上应当注意同老板沟通的技巧，这样才可以保证自己的职场生涯更顺利。

以下是上司所欣赏的沟通方式，职场新人可在沟通中参考运用。

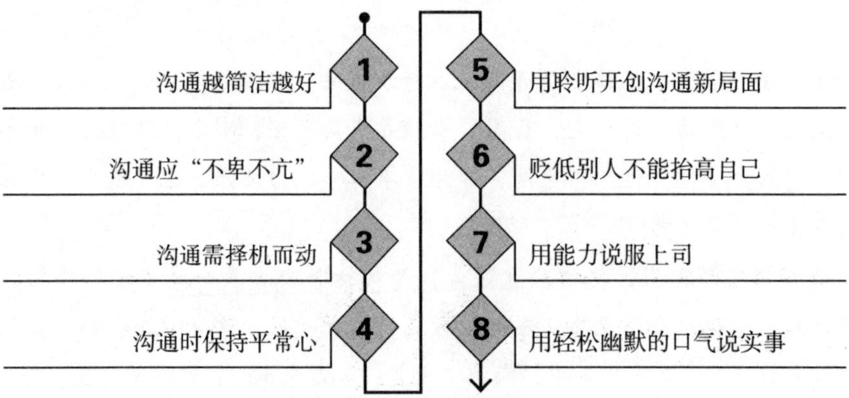

与上司沟通的方式

方式01：沟通越简洁越好

领导阶层的人大多工作比较繁忙，事情很多，因此，你在与上司沟通时，要想引起上司的注意并很好地与上司进行沟通，就应该学会语言简洁明了，不要长篇大论。

方式02：沟通应“不卑不亢”

作为下属，在与上司沟通时，应大方自然，不要慌乱和不知所措。不可否认，上司喜欢下属对他尊重。然而，“不卑不亢”这四个字是最能折服领导、最让他受用的。下属在沟通时若尽量迁就上司，本无可厚非，但过分地迁就或吹捧，就会适得其反，让上司心里产生反感，反而妨碍了下属与上司的正常关系和感情的发展。所以，作为办公室一族，自己在言谈举止之间，都应表现出不卑不亢的样子，从容对答。这样，上司才会认为你很有风度，可以委以重任。

方式03：沟通需择机而动

现代心理学证明：人在情绪不佳、心有忧惧等低落状态下较之平常更容易悲观失望，思维迟钝且惰于思考，情绪波动大并容易产生过激行为。上司也是人，也无法摆脱这一规律的影响。所以，作为下属，沟通时一定要择准时机，不要在上司情绪不佳时与之沟通，此时是没有什么效果的。另外，所沟通的内容可与当时的情景联系起来，通过暗示等心理活动来示意上司，从而更好地触动上司，达到沟通的目的。

为了实现办公自动化，某机关新购置了一批计算机及相关设备。在计算机安装进机房后，领导对机房安置空调一事迟迟不予批准。

“单位的大部分同仁都在没有空调的情况下办公。”领导的意见是，“如果让机房破例，就有失公平了吧。”

当然也有人据理力争：“安装空调纯粹是为了让计算机正常运转，而不是个人享受的需要，领导应该考虑一下实情嘛。”

不过，领导仍然不为之所动：“不行，不行。规矩既然定了，大家都要遵守。否则的话，你有你的特殊情况，我有我的实际条件，岂不乱套了？”

机房空调的事就这样搁置下来。计算机管理员文峰看在眼里，急在心上，可是又没有什么好办法。

过了几天，机关的领导与下属职员一起外出旅游、参观。在一个文物展览会上，领导发现一些文物有了毁坏和破损，就询问解说员。

“这么宝贵的文物，怎么也没有保护好啊？”领导关切地问。

“这可不能怪我们，”解说员解释说，“我们单位缺乏足够的经费，没有办法让这些文物保存在一种恒温状况下，因此，才会发生脱落、侵蚀等各种事故。如果能够配置一定的制冷设备，例如空调，这些文物就会保护得比较好。”

领导听后，不禁唏嘘不已。这时，文峰悄悄走过去，乘机对领导低语：“刘局长，咱们机房里能装空调吗？”

刘局长看了文峰一眼，拍着他的肩膀说：“就你鬼，回去打个报告上来。”

回来后，刘局长果真批准了机房的要求，为他们装上了空调。

别人费九牛二虎之力也没有办到的事，文峰一句话就解决了问题，不费吹灰之力。

方式04：沟通时保持平常心

在与上司的交流沟通中，应保持一颗平常心，和上司平等自然地交流。特别是在谈话时，不以针锋相对的形式令对方难堪，而能够充分理解对方，那么这样的沟通结果才会是皆大欢喜的。

方式05：用聆听开创沟通新局面

理解的前提是了解。在沟通过程中，下属不要只顾陈述自己的观点，可以适当听一下上司的意见。在相互交流之中，更重要的是了解对方的观点，不急于发表个人意见。以足够的耐心，去聆听对方的观点和想法，能达到满意的交流效果，使沟通更顺畅。

方式06：贬低别人不能抬高自己

主动与上司沟通时，千万不要为标榜自己而刻意贬低他人。这种在背后说人坏话的行为，会使上司对你产生怀疑。同样，当你表达不满时，要记住一条原则，那就是所说的话对“事”不对“人”。不要只是指责对方做得如何不好，而要分析做出来的结果有哪些不足，有哪些需要改进的地方，这种对事不对人的态度会让你得到上司的好感。

方式07：用能力说服上司

对于日新月异的科技、变化迅猛的潮流，你都应保持应有的了解。广泛的知识面，可以支持自己的论点。你若知识浅陋，对上司的问题就无法做到有问必答、条理清晰。而当上司得不到准确的回答，他对下属就会失去信任和依赖。

方式08：用轻松幽默的口气说实事

轻松幽默的话题，往往能引起感情上的愉悦；庄重严肃的话题会使人紧张慎重。只要有可能，最好能把庄重严肃的话题用轻松幽默的形式说出来，这样上司可能更容易接受。

坎迪在一家外资企业打工，在较短时间内，连续两次提出合理化建议。使生产成本分别下降30%和20%。老板非常高兴，对他说："小伙子，好好干，我不会亏待你的。"

坎迪当然知道这句话可能意义重大，也可能不值一文。他想要点实在的，便轻松一笑，说："我想你会把这句话放到我的薪水袋里。"老板会心一笑，爽快应道："会的，一定会的。"不久他就获得了一个大红包和加薪奖励。

面对上司的鼓励，坎迪如果不是这样俏皮，而是坐下来认真严肃地提出加薪要求，并摆出理由若干条，岂不大煞风景，甚至适得其反。

在办公室里，当知道了上司的沟通倾向后，你就需要调整自己的风格，使自己的沟通风格与上司的沟通倾向最大可能地吻合。你如果能通过自我调整，主动有效地与上司沟通，创造和上司之间默契和谐的工作关系，无疑能使你最大限度地获得上司的认可。

能量驿站

职场新人与上司沟通的五个实用小技巧

一般来说，刚刚踏入职场的莘莘学子意气风发，觉得自己是知识精英，容易有娇骄之气，忽视与上司的沟通，甚至有的人还目空一切，狂妄自大，看不起学历不如自己的上司。

其实，在一家大公司，无论公司的企业文化如何，你的直接上司将在很大程度上决定你在公司内的生存环境与发展空间。比如：他会决定分派给你什么任务，如果派给你的工作既能出成绩，又能锻炼人，对你的成长就会很有利；他还能决定派谁跟你在工作中配合，派个有能力的人指导你，在工作中就有学习业务的机会；直接上司还会对你的工作结果给予评价；等等。所有这些都会影响你的成长。

因此，与上司做好沟通对于职场新人来说是非常重要的。这里教你五个实用的小技巧，来有效提升你在上司面前的“人气”指数。

1．新进公司，尽可能少说话

尽管说话才能表现自己，但在不摸清情况时就急于表现，乱说话对自己是不利的。给上司说话的机会，自己尽量倾听。

2．赞许要发自内心

如果要赞许上司，一定要出于真心的仰慕，赞许一定要说出理由，并说到点子上，让上司有“面子”，且你的赞许也不会有谄媚之嫌。如果找不到特别好的理由，用微笑、点头的方式表达也比乱说话好。

3．犯了错要及时承认

受到上司指责时，不要急于为自己辩解，要及时道歉，最好主动负荆请罪。

4．多找机会与上司交流工作

如开会时，坐在上司旁边，好就开会讨论的工作与上司多交流细节与自己的想法。

5．在工作场所以外偶遇上司时，主动与上司聊聊家常

如天气、见面场所的装修、着装等，从而在心理上与上司拉近关系。办公室以外，大家是平等的人，你用一种放松的态度对待上司，上司也会感受到与你的亲近而不是距离。

有了上面的这五个实用小技巧，你会发现上司是很好沟通与相处的。

第三节　扫除与同事沟通的障碍

名人名言

如果你是对的，就要试着温和地、技巧地让对方同意你；如果你错了，就要迅速而热诚地承认。这要比为自己争辩有效和有趣得多。

——卡耐基

职场交往中，与同事沟通的好坏直接影响着每个人在事业上的发展。在这样一个竞争激烈的时代，取得领导和同事的认可、赢得他人的支持和配合、促进自己事业的成功，显得尤为重要。

首先，我们必须了解同事之间有哪些信息沟通的障碍。通常，在沟通过程中由于沟通双方所具有的价值观、人生观、思想意识、表达能力、理解能力、以及所处的环境和所采取的沟通方式等，都会影响到双方沟通的效果。同事沟通障碍主要体现在以下几个方面。

1. 语言障碍 → 由于文化水平、表达能力、地区方言、男女沟通语言等因素造成的同事之间沟通语言的障碍
2. 心理障碍 → 每个人由于接受教育和生活经历的不同，会形成不同的知识层次、知识结构、思维方式和价值取向，这就产生了某种心理差距，导致交往困难
3. 环境障碍 → 这是指在交流时不分场合和对象，不分轻重恣意纵情的现象
4. 人品问题 → 这是指沟通在很大程度上也受到品德的影响与制约
5. 空间障碍 → 空间距离因素会导致误解或者不能理解同事间交流的话题，还会使得同事之间的误解不容易澄清

- **6 文化障碍**：不同文化背景的人进行沟通常因习俗不同产生沟通障碍
- **7 理解误差**：当因为个人理解能力的问题而对问题分不清实质时，就会发生认知的差异。认知差异是讲对事物的理解和感知方面的不同
- **8 层次障碍**：不同层次的人，他们的思考着眼点不一样，看待问题的立场不同，看待事物的视角也不同，以及行为的动机都不同，沟通的方式也就不相同
- **9 知识障碍**：不同的知识与经历，会产生语言差异、认知差异、价值观差异和处世方式差异
- **10 年龄障碍**：职场同事之间由于年龄的差异沟通相应地也会出现障碍
- **11 处事方式障碍**：处事方式差异表现为处理各种事物的作风、态度、方法、手段上的不同

同事沟通的障碍

解决同事之间沟通的障碍，关键还是要切实地谈得到一起去，这就要求交往双方能寻求到一些共同的能够展开的话题。另外不断地拓展自己的知识面、丰富自己的生活阅历，努力做到博闻广学，才能在与他人交往时更容易找到双方的共同话题。

沟通就是心与心之间的交流，其主要目的就是达成彼此的利益和目的，是一种心理上的战术，在职场中非常重要。如果你需要办一件事，这时你会在办这件事中遇到很多人，有的人很容易就会协助你，而有的人就比较难说通，这时就需要沟通，起到桥梁作用，说白了，沟通沟通，就是把不通的给疏通了。

锡铭是公司销售部的一名员工，人比较随和，不喜争执，和同事的关系处得都比较好。但是，前一段时间，不知道为什么，同一部门的东旺老是处处和他过不去，有时候故意在别人面前指桑骂槐，对跟他合作的工作任务也都有意让锡铭做得多，甚至还抢了锡铭的好几个老客户。

起初，锡铭觉得都是同事，没什么大不了的，忍一忍就算了，但是后来看到东旺如此嚣张，于是一赌气告到了经理那儿。经理把东旺批评了一通，但结果是，从此锡铭和东旺成了绝对的冤家了。

在一段时间里，同事东旺对他的态度大有改变，锡铭是有所警觉的，只是没有留心是哪里出现了问题。但是，锡铭只是一味地忍让，这个忍让不是一个好办法，更重要的应该是多沟通。锡铭应该考虑是不是东旺有了一些什么想法，有了一些误会，才让他对自己的态度变得这么恶劣，他应该及时和东旺进行一个真诚的沟通，比如问问东旺是不是自己什么地方做得不对，让他难堪了之类的。但是结果是，锡铭到了忍不下去的时候，他选择了告状。其实，找主管来说明一些事情，不能说方法不对，关键是怎么处理。但是，在这里锡铭、部门主管、东旺三人犯了一个共同的错误，那就是没有坚持“对事不对人”，主管做事也过于草率，没有起到应有的调节作用，他的一番批评反而加剧了二人之间的矛盾。正确的做法是应该把双方产生误会、矛盾的疙瘩解开，秉着以事业为重，加强员工的沟通来处理这件事，这样做的结果肯定会好得多。

职场中，同事是工作中的伙伴，也是沟通的重要对象。要想和同事合作愉快，沟通技巧是必不可少的。积极而有效的沟通能为职场人营造一个良好的人脉关系，还能为个人职业生涯带来很多好处。那么，职场人如何与同事有效地沟通呢？

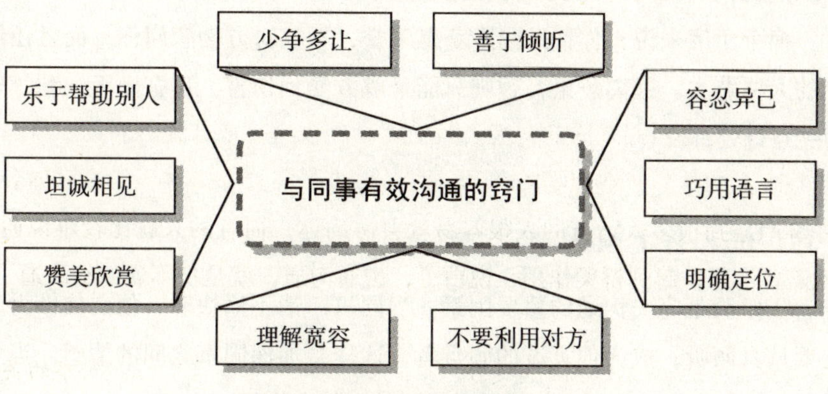

与同事有效沟通的窍门

窍门01：乐于帮助别人

在沟通理念中，帮助别人是提高沟通效果的基础，也是人际关系中的关键因素。乐于助人的同事，人们就愿意和其交身就产生了一种吸引力、向心力，利于合作共事。要记住，“帮助别人就是帮助自己”，不断地付出，点点滴滴的光点就会连接起来形成一个“人格光环”，那么，沟通起来也就顺利多了。“我能为你做点什么？”是获取完美沟通的奥秘。

窍门02：坦诚相见

以坦率和真诚对待自己的同事，能够不存疑虑，坦诚相见，是同事之间值得信赖的法宝。

窍门03：赞美欣赏

能够看到同事身上的优点，并及时给予赞美、肯定，这是良好沟通的基础。一定要记住一点：可以在背后赞美你的同事，但是不要在背后议论你的同事。这样做了，你就一定能受到同事的喜欢。

窍门04：少争多让

虽然说同事之间有竞争，但是这种竞争毕竟是内部的，没有必要争得不可罢休。换个角度来说，你帮助同事获得荣誉，不仅对方会感谢你，而且还能增添你的人格魅力。远离争论，否则只能是双方受到伤害，百害而无一利，这对沟通一点好处都没有。

窍门05：善于倾听

善于倾听是完美沟通的重要因素。当同事心情不愉快时，他向你倾诉，你一定要认真倾听，成为他真诚的倾听者，这样会加深同事之间的情感。当然，下次你有什么事情需要对方帮忙的时候，就会好办多了。

窍门06：容忍异己

每个人有自己独立的思维和行为方式，不要妄图改变任何人，要认识到改变别人对于沟通来说是徒劳的，甚至是有害的。

窍门07：巧用语言

沟通中的语言至关重要，所以，职场新人在语言的选择上，应该以不伤害他人为原则，要用委婉的、鼓励的、幽默的语言等。

窍门08：理解宽容

如果在沟通时发生误解和争执，一定要换个角度，站在对方的立场为对方想想，理解对方的处境，千万不能情绪化，要知道这样做只会使沟通陷入困境，而不会有任何正面的帮助。

窍门09：不要利用对方

我们都知道，在沟通当中，最忌恨的就是被别人利用。同样，在和同事沟通中，千万不要想着去利用对方，否则，你不仅会沟通失败，甚至还会交际失败，工作失败。

窍门10：明确定位

同事之间更多是一种利益上的结合，与同事沟通的时候，一定要从多方面权衡，充分维护各自的利益。倘若在沟通过程中，由于种种原因与同事发生了矛盾，就要冷静协调，以期化干戈为玉帛。

能量驿站

职场中同事的有效沟通法

在一个公司里，同事不仅是竞争者，同时也是合作伙伴，在介于两种关系中，要处理好同事间的关系还是有技巧的。

1．主动交流沟通

人与人感情的建立往往在于长时间的交流与沟通，对于同事间的关系也是如此。在工作之余可以主动找同事聊聊天或者一起去喝杯咖啡，时间一长，对方的戒备心理就会减弱，两个人的感情也会变得越来越好。

2．适当赞美

在职场上每个人都希望得到别人的肯定。所以在职场中要善于发现别人的优点和长处，并且适当的时候对别人加以肯定和赞美。这样不但让对方对自己更有信心，而且在以后的相处中更加融洽。

3．保持合适的距离

职场不同于学校，在学校里朋友间可以亲密无间，但在职场上要学会与同事保持适当的距离，每个人都有自己的私人空间，有自己的隐私。切忌八卦别人的隐私，随便翻别人的文件，这样会给人留下不好的印象。

4．善于合作

职场上很多时候同事之间需要合作，在一个团队中千万不能搞个人主义，要学会与团队成员沟通，同心协力完成工作。如果合作过程中出现分歧，可以用适当的交流方式去化解，如果是自己负责的部分出现问题，也要主动承担相应的责任。

5．善于倾听

很多时候刚来到公司的新人觉得无法融入到同事的圈子。这时候我们可以先倾听一下同事之间平时喜欢聊什么话题，喜欢什么节目，然后找适当的时候融入到同事聊天的圈子中。另外，在工作中多倾听对方意见，重视对方意见，这样不但有利于自身的发展，也留给同事一个好印象。

6．学会化解矛盾

同事之间出现矛盾是很正常的事情，当出现这种状况时不要硬碰硬，这样对双方都没有好处，这时候我们要学会换位思考，如果不是很严重的矛盾，可以选择主动打破僵局。

第四节　把握与人沟通的分寸

名人名言

有效的沟通取决于沟通者对话题的充分掌握，而非措词的甜美。

——葛洛夫

不管做什么事情都要有一个度。这好比是一个参照点，超过了这个度，可能就会产生不良的影响，正所谓“过犹不及”了。

与人沟通时，需要讲究说话的分寸，否则将会导致沟通障碍和人际关系的隔阂。

前段时间骏杰出差，有幸和当地镇政府领导一起共进午餐。饭后闲聊时，一位镇领导问下属觉得今天的菜味道怎么样？下属回答说：“就是不够辣，味道还不错。”领导听后却摇摇头纠正了下属的说法，你应该说：“味道还不错，要是能加点辣就更好了……”

显然，同样的意思，但是表达的方式不一样，产生的效果也不一样。由此看来，讲究分寸是一种很重要的说话艺术。说话是否有分寸，对于我们能否与人有效地沟通，甚至和办事成败也有着很大的关系。注意分寸，说白了就是注意自己说出的话千万不能伤及别人的情绪。不管自己有意还是无意，如果说话的分寸把握不当，就会得罪对方，影响沟通的效果，影响你的人脉关系。

职场中，同事每天见面的时间最长，谈话可能涉及工作以外的各种事情。在交谈中，如果说话不适宜常常会给你带来不必要的麻烦。因为在同事中，正人君子有之，奸佞小人也有之。在这种复杂的环境下，说话若不注意内容、分寸、方式和对象，往往容易招惹是非、授人以柄，甚至祸从口出。因此，职场新人在职场中，说话应小心些、为人谨慎些，这样才能使自己置身于进可攻、退可守的有利位置，牢牢地把握人生的主动权。况且，一个毫无城府、喋喋不休的人，会显得浅薄俗气、缺乏涵养而不受欢迎。所以，在办公室里，与同事说话时，更应把握好分寸。

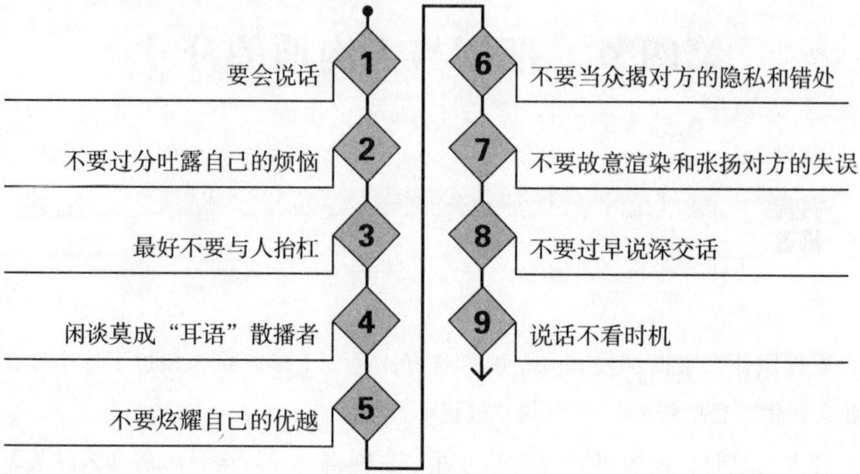

把握沟通的分寸

分寸01：要会说话

一个会说话的人肯定是社交圈的高手，肯定会有一个好人缘；而一个不会说话的人肯定是一个与成功无缘的人，即使有所成功也是有限的，因为说别人不爱听的话，无异于给自己的成功设置障碍。真正伤害心灵的不是刀子而是比刀子更厉害的语言。你在办公室与同事说话时有可能会给对方造成伤害，这时你必须慎之又慎。与其说直来直去的人是豪爽，还不如说他说话做人太简单。直语易伤人，何不绕个弯儿。同样的表达、同样的目的，绕个弯儿能圆满，何必要弄得既达不到目的又得罪对方呢？

分寸02：不要过分吐露自己的烦恼

有许多爱说、性子直的人，喜欢向同事倾吐苦水。虽然这样的交谈富有人情味，能使你们之间变得友善，但是研究调查指出，只有不到1%的人能够严守秘密。所以，当你的个人危机和失恋、婚外情等发生时，你最好不要到处诉苦，不要把同事的“友善”和“友谊”混为一谈，以免成为办公室的焦点，也容易让别人拿这些事作为攻击你的武器，同时给老板或上司留下你是“问题员工”的印象。

分寸03：最好不要与人抬杠

有些人喜欢争论，而且一定要胜过别人才肯罢休。这是一种很不好的行为，因为办公室不是一个适合争辩的场所。在争辩过程中，无论谁输谁赢，都没有真正的赢家，即使你口头上胜过了对方，但你却因此而得罪了他，损害了他的自尊。他很可能因此而怀恨在心，随时准备报复你，即使不报复，也会在对方心里留下芥蒂，不利于以后的交往。

分寸04：闲谈莫成“耳语”散播者

有这样一句古语：“谁人背后无人说，哪个人前不说人。”只要有人的地方，就会有闲言碎语。比如，老板喜欢谁？谁最吃得开？谁又有绯闻？等等，各种各样的消息在办公室里到处传播。因此，身在职场一定要学会明哲保身，一定要懂得沉默是金，不该说就绝对不要乱说，千万不要成为“耳语”的散播者。因为，有时你可能不小心成为“放话”的人；有时你也可能是别人“攻击”的对象。

分寸05：不要炫耀自己的优越

有些人喜欢与人共享快乐，但涉及你工作上的信息。比如，即将争取到一位重要的客户，老板暗地里给你发了奖金等，这些最好不要拿出来向别人炫耀。只怕你在得意忘形中，忘了有某些人已经眼睛发红。

分寸06：不要当众揭对方的隐私和错处

有人喜欢当众谈论对方的隐私、错处，心理学研究表明：谁都不愿把自己的错处或隐私在公众面前“曝光”，一旦被人曝光，就会感到难堪而恼怒。因此在交往中，如果不是为了某种特殊需要，一般应尽量避免接触这些敏感区，以免使对方当众出丑。必要时可采用委婉的话暗示你已知道他的错处或隐私，让他感到有压力而不得不改正；知趣、会权衡的人只需“点到为止”，一般是会顾全自己的脸面而悄悄收场的。

分寸07：不要故意渲染和张扬对方的失误

在交际场上，人们常会碰到这类情况，讲了一句外行话，念错了一个字，搞错了一个人的名字，被人抢话，等等。这种情况，对方本已十分尴尬，深怕更多的人知道。你如果作为知情者，一般来说，只要这种失误无关大局，就不必大加张扬，故意搞得人人皆知，更不要抱着幸灾乐祸的态度，以为“这下可抓住你的笑柄啦”，来个小题大做，拿人家的失误来做取笑的笑料。因为这样做不仅对事情的成功无益，而且由于伤害了对方的自尊心，你将结下怨敌。同时，也有损于你自己的社交形象，人们会认为你是个刻薄饶舌的人，会对你反感、有戒心，因而敬而远之。所以渲染他人的失误，实在是一件损人而又不利己的事。

分寸08：不要过早说深交话

在交往中，有时结识了新朋友，即使你对他有一定的好感，但毕竟是初交，缺乏更深刻的、本能性的了解，则不宜过早交了自己的底。否则，自己怎么“死”的都不知道。

小玉刚大学毕业，应聘到一家私营企业。老板让她和另外一个女孩一起工作。女孩是本地人，她在这儿工作已经快有一年的时间了。接下来的日子，她们配合得非常默契。那时小玉刚来公司不久，女孩不管在工作上还是生活中都挺照顾她，经过一段时间的相处，小玉已经把她当成姐妹那样无话不谈。

老板是一个比较小气的人，平时对大家有些苛刻，直率的小玉有些看不惯。有一次和女孩聊天时小玉透露出自己想过段时间辞职，并把原因告诉了她。女孩劝小玉过一段时间再说，别太意气用事。说了就说了，当时小玉也并不是决定非走不可，所以没有把这件事情太放在心上。可是还不到一个星期，老板突然找小玉谈话，说现在公司人手太多了，生意又不好，用不了那么多人。老板语气很是委婉，但意思表达非常明确：请你另谋高就。小玉这时才恍然大悟。

分寸09：说话不看时机

有的人说话时旁若无人、滔滔不绝不看别人脸色，不看时机场合，只管满足自己的表现欲，这是修养差的表现。说话应注意对方的反应，不断调整自己的情绪和讲话内容，使谈话更有意思、更为融洽。

人寿保险业务员小黄听说邻居的一位老人正在过七十大寿，于是兴冲冲地买好了礼物前去祝寿。在酒席上，小黄先是大大恭维了老寿星一把，然后拿出自己的保险单子，想借机给老人家介绍一下。

老人家不好驳他的面子，于是耐着性子听下去。小黄从当前的经济形势谈到了养儿难防老，谈到了老年人易患的多种致命性疾病，谈着谈着，小黄被老人的儿子打断了，老人的儿子一把把他的资料夺了过去，小声说："您先走吧，再不走我可要跟你急了！"

也许这位老人家可能真是需要买一份保险，但是在这种场合明显是不合适，所以小黄不但没有成功地卖出保险，还引起了老人儿子的不快。

借用中国移动的一句广告词"沟通从心开始"，其实只要我们在人与人之间的交往中多用心观察，注意一些细节，讲究一下说话的方式，掌握好分寸，你会发现其实有效的沟通并不难。你也能够因此而增加个人魅力，拥有良好的人脉关系。

能量驿站

如何与人沟通

沟通是人生存很重要的一课，说话谁都会，但如何把话说得艺术，如何跟他人进行很好的沟通，建立良好的人际关系，就不是每个人都能做好。想更好地与人沟通，就得学习一点沟通的技巧。

俗话说"美言一句三冬暖，恶语伤人六月寒"。尊重对方是进行成功谈话的前提条件。很多人侃侃而谈，以为自己很会交流，其实他们只顾着表达自己的意见，没有考虑到他人的感受，这样的交流不算成功的沟通，只是单方面的互动。所以良好的谈话技巧是必须学习的，下面做几点简要介绍。

1．“闲扯”是与人交谈的重要组成部分，应学会闲扯

不善交谈，大多是不知道怎样抓住谈话时机。心理学家詹姆士说过：“与人交谈时，若能做到思想放松、随随便便、没有顾虑、想到什么就说什么，那么谈话就能进行得相当热烈，气氛就会显得相当活跃。”抱着“说得不好也不要紧”的态度，按自己的实际水平去说，是有可能说出有趣、机智的话语来。所以，闲扯并不需要才智，只要扯得愉快就行了。

2．适当地暴露自己，以自己为话题开始谈话，增加对方对你的信任

每个人最熟悉的莫过于自己的事情，所以与人交谈的关键是要使对方自然而然地谈论自己。谁都不必煞费苦心地去寻找特殊的话题，而只需以自身为话题就可以，这样也会很容易开口，人们往往会向对方敞开自己的心扉。

3．掌握批评的艺术

在交谈过程中，如果不得不向对方提出批评，一定要委婉地提出来。明的批评有以下几个特点：

（1）不要当着别人的面批评。

（2）在进行批评之前应说一些亲切和赞赏的话，然后再以“不过”等转折词引出批评的方面，即用委婉的方式。

（3）批评对方的行为而不是对方的人格。用协商式的口吻而不是命令的语气批评别人。

（4）就事论事。

4．附和对方的谈话，使谈话气氛轻松愉快

谈话时若能谈谈与对方相同的意见，对方自然会对你感兴趣，而且产生好感。谁都会把赞同自己意见的人看作是一个提高自身价值和增强自尊心的人，进而表示接纳和亲近。假如我们非得反对某人的观点，也一定要找出某些可以赞同的部分，为继续对话创造条件。此外，还应该开动脑筋进行愉快的谈话。除非是知心朋友，否则不要谈论那些不愉快的伤心事。

5．学会倾听，不要随意打断别人的讲话

理想的人际关系是建立在相互交流思想的基础之上的。在直抒胸臆之前，先听听对方的话是很重要的。一个人越是有水平，他在听别人讲话时就越是认真。倾听对方讲话的方式有：眼睛要注视对方（鼻尖或额头，不要一直盯住对方的眼睛，那样会使人不舒服）；从态度上显示出很感兴趣，不时地点头表示赞成对方；为了表示确实在听而不时发问，如“后来呢？”；不中途打断别人的讲话；不随便改变对方的话题。

6. 不失时机地赞美对方

托尔斯泰说得好：“就是在最好的、最友善的、最单纯的人际关系中，称赞和赞许也是必要的，正如油滑对轮子是必要的，可以使轮子转得快。”利用心理上的相悦性，要想获得良好的人际关系，就要学会不失时机地赞美别人。当然，赞美必须发自内心。同时应注意赞美他的具体的行为和变化，而不要笼统地夸这个人好。

7. 学会表达感谢

在人际交往中，免不了互助，所以哪怕是一件微不足道的小事，也不要忘记说声“谢谢”。另外，不断去发现值得感谢的东西。感谢必须使用亲切的字眼。仅仅在心里感谢是不够的，还需要表达出来，这一点非常重要。感谢时应注意以下几个方面：

（1）真心诚意、充满感情、郑重其事而不是随随便便地表示感谢。

（2）不扭扭捏捏，而是大大方方、口齿清楚地表示感谢。

（3）不笼统地向大家一并表示感谢，而是指名道姓地向每个人表示感谢。

（4）感谢时眼睛应看着对方；细心地、有意识地寻找值得感激之事进行感谢。

（5）在对方并不期待感谢或认为根本不可能受到感谢时表示感谢，效果更好。

人际沟通注重和每一个人进行良性的互动。既不能够偏重某些人，使其他人受到冷落；也不应该只顾自己，想说什么就说什么。否则你只是在发表意见，根本不是在进行沟通。善于沟通的人，必须随时顾及别人的感受，又能表达出自己的意见，形成良好的互动过程。

第九章

9

宽容，启动正能量

能量导读

宽容是最美丽的一种情感，宽容是一种良好的心态，宽容也是一种崇高的境界，能够宽容别人的人，其心胸像天空一样宽阔、透明，像大海一样广袤深沉。宽容不会失去什么，相反会真正得到，得到的不只是一个人，更会是得到人的心。

第一节　宽容一点，为你赢得信任

名人名言

宽容就像天上的细雨滋润着大地。它赐福于宽容的人，也赐福于被宽容的人。”

——莎士比亚

要团结同事，与同事和谐相处，信任是必不可少的，而宽容就是赢得信任的最好方法。职场就像一个大家庭，各个成员之间在生活经历、文化背景、兴趣爱好、脾气性格等方面都有着很大的差异。而每天至少三分之一的时间都和同事一起度过，难免会产生这样那样的矛盾，有可能是工作中的分歧，也有可能是交流中的误解等。面对这些问题，我们都应该从维护大局出发，从维护团结出发，互相理解，互相帮助，这就是“宽容”。

如果你凡事锱铢必较，就会加大与同事之间的矛盾。反之，如果你感觉有人总跟自己“过不去”，最好的办法不是你也跟他“过不去”，而是不妨从自身找找原因，宽容一点，大度一些，甚至吃些无关大局的小亏，那不仅能化解矛盾，还能赢得同事的信任。

俊峰和旭波都是刚刚毕业的大学生，在一次招聘会上被同时招进了一家生产家具的公司，担任电子数控方面的技术人员。因为在毕业时间、学历、技术和技能方面，两个人都差不多，无形中就成了一对竞争对手，俊峰对旭波处处表现出敌意，甚至在背后说他的坏话。但是旭波对这一切都假装不知道，见了面仍然热情客气地打招呼。

有一天临近下班的时候，因为偶然的失误，俊峰把一组急需要的数据弄丢了。这下他可急坏了，因为主管已经交代过，第二天一早，就要用这个数据去开一个重要的会议。而这个数据非常难整理，就算他一个人加班，明天也不一定能整理出来。这时候，旭波安慰他说："别着急，咱们一起再整理吧，明天早上一定不会耽误事情的。"

那天晚上，他们俩一直忙活到凌晨4点多，终于把数据整理出来。看着旭波熬得满是血丝的眼睛，俊峰惭愧地说："对不起，以前都是我不好，不该……"旭波没让他说下去，拍拍他的肩膀说："都过去了，就别再提了。"因为这件事情，俊峰对旭波由最初的敌视态度很快就转变成一种工作中的热情友谊了，他还对其他同事说："旭波宽容大度，是个值得信任的人。"

宽容是我们对别人的不好一面的包涵，而不是纵容。所以，在我们发现他人不足的时候，要用自己的一颗宽大的心来包容他，并且要让他感受得到。所谓宽容就是可以为他人着想，能够换位思考，能够拿得起、放得下。

在职场中，我们需要宽容，如果不是原则性的问题，就让我们试着站在别人的立场，理解一下别人的所作所为的原因。人的态度都是相互的，如果你给了别人宽容和尊重，那么，他们也一定会还你宽容和尊重的。我们每一个人都属于团体，而永远都不属于个体。要想在团体中生存，总会碰到不如意的事情，这时，我们不妨以一颗宽容的心来对待这一切。

佳颖刚刚毕业，也是第一次参加工作，所以，她平时做什么事情都是小心翼翼的。因为大学时期读的是文秘专业，所以，佳颖现在公司做的是总经理秘书的工作。总经理丽娜看起来是很强的样子，佳颖从第一次见到丽娜之后，对丽娜就是又敬又怕的，在为丽娜工作的时候也总是一丝不苟，丝毫不敢有一丁点的马虎。

可是，生活不可能是永远平静无波的，我们也不可能左右生活。一天，丽娜让佳颖打印了一份非常重要的文件，也许是那天太忙了，佳颖竟然把这件事情给忘记了。那可是丽娜要用的发言稿啊。

可是再去打印的话也已经是来不及了，佳颖已经做好了被开除的准备，她来到了丽娜的办公室，决定向丽娜说一下现在的情况，看看还能不能进行一些补救。结果丽娜并没有发火，而是思考了一下说："现在做什么也没用了，情况也比较急，还好对于稿子我有大概的印象，等会儿在开会的时候，我尽量凭记忆说好了。小梁，你也不要那么沮丧了，快去准备准备，跟我去开会！"

结果，在会议上丽娜凭借自己出色的口才和记忆，博得了满堂喝彩。事后，丽娜并没有责备佳颖，更没有将她给开除，而是说："新人哪有不犯错的？吃一堑长一智嘛，以后继续努力就行了！"

一下子，佳颖彻底地改变了对丽娜的看法，从那以后，佳颖工作认真、努力，最终成为了丽娜最得力的助手。

当佳颖犯了错误之后，她得到了丽娜的宽容，于是丽娜得到了一个得力助手。如果，我们在人际交往中能够以一颗宽容的心来面对这一切，那么我们将会换来更多的友谊和信任。

所以，无论在什么场合、背景下，宽容和原谅才是我们人格魅力的一种体现。那什么是宽容呢？

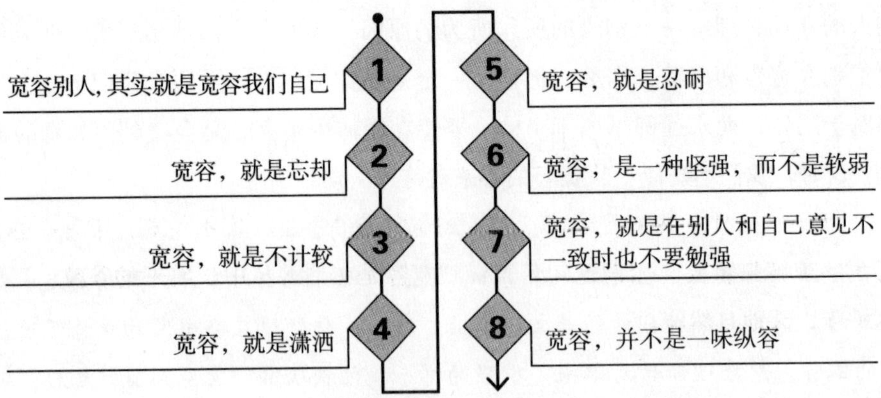

对宽容的理解

理解01：宽容别人，其实就是宽容我们自己

多一点对别人的宽容，其实，我们生命中就多了一点空间。有朋友的人生路上，才会有关爱和扶持，才不会有寂寞和孤独；有朋友的生活，才会少一点风雨，多一点温暖和阳光。其实，宽容永远都是一片晴天。

理解02：宽容，就是忘却

人人都有痛苦，都有伤疤，动辄去揭，便添新创，旧痕新伤难愈合。忘记昨日的是非，忘记别人先前对自己的指责和谩骂，时间是良好的止痛剂。学会忘却，生活才有阳光，才有欢乐。

理解03：宽容，就是不计较

每个人都有错误，若执着于过去的错误，就会形成思想包袱，不信任、耿耿于怀、放不开，限制了自己的思维，也限制了对方的发展。即使是背叛，也并非不可容忍。能够承受背叛的人才是最坚强的人，也将以他坚强的心智在氛围中占据主动，以其威严更能够给人以信心、动力，因而更能够防止或减少背叛。

理解04：宽容，就是潇洒

“处处绿杨堪系马，家家有路到长安。”宽厚待人，容纳非议，乃事业成功、家庭幸福美满之道。锱铢必较、患得患失，活得也累，难得人世走一遭，潇洒最重要。

理解05：宽容，就是忍耐

同伴的批评、朋友的误解，过多的争辩和“反击”实不足取，唯有冷静、忍耐、谅解最重要。相信这句名言：“宽容是在荆棘丛中长出来的谷粒。”能退一步，天地自然宽。

理解06：宽容，是一种坚强，而不是软弱

宽容要以退为进、积极地防御。宽容所体现出来的退让是有目的的有计划

的，主动权掌握在自己的手中。无奈和迫不得已不能算宽容。宽容的最高境界是对众生的怜悯。

理解07：宽容，就是在别人和自己意见不一致时也不要勉强

从心理学角度而言，任何的想法都有其来由。任何的动机都有一定的诱因。了解对方想法的根源，找到他们意见提出的基础，就能够设身处地，提出的方案也更能够契合对方的心理而得到接受。消除阻碍和对抗是提高效率的唯一方法。任何人都有自己对人生的看法和体会，我们要尊重他们的知识和体验，积极吸取之间的精华，做好扬弃。

理解08：宽容，并不是一味纵容

给一次机会并不是纵容，不是免除对方应该承担的责任。任何人都需要为自己的行为负责；任何人都要承担各种各样的后果。否则，对方会一而再、再而三地犯禁（错），显示出软弱。

宽容，就是说人的心大量宽，能容事、能忍事、能让人。俗话说得好：退一步，海阔天空。人与人之间交往就必须要学会宽容，宽容能使人与人之间加深了解，宽容能使人与人之间化解矛盾。那么，在职场中，做一个宽容的人对你有什么好处呢？

1. 宽容的人爱记住别人的好处，总是心存感激，所以乐意帮助他的人很多
2. 宽容的人能与人同乐，给人快乐；自己也是只记快乐，不记烦恼，所以他的快乐比别人多
3. 宽容的人善于发现别人的优点，肯定别人的长处，所以他的朋友很多
4. 宽容的人善解人意，能够体谅别人，尊重别人，所以愿意与他合作的人很多
5. 宽容的人对别人宽容时，必定对自己宽容，因而计较得少，知足常乐，所以他的“财富”很多

宽容的好处

职场点拨

人生何处不相逢！你今天宽容了别人，他以后可能会成为你的朋友，也许还会是你的恩人！

第二节　宽容一点，可以消除误会

名人名言

他人有不同的见地，不同的看法，不同的言语。要细心聆听，要有包容他人观点的胸怀，那是处世应有的素质。

——方海权

误会，是人往往在不了解、无理智、无耐心、缺少思考、未能多方体谅对方和反省自己，感情极为冲动的情况之下所产生的。人与人之间的误会，就一直只想到对方的千错万错。因此，会使误会越陷越深，弄到不可收拾的地步，甚至造成严重的后果。而宽容是人的美德，“忍一时风平浪静，退一步海阔天空”，因为，当你对别人“宽大”之时，也是对你自己的宽大。

有个男孩脾气很坏，经常会因一点莫名其妙的原因骂别人甚至大打出手，周围的人都对他敬而远之。后来他的父亲就给了他一袋钉子，让他想发脾气的时候就钉一根钉子在后院的围篱上。第一天，这个男孩钉下了37根钉子。慢慢地，每天钉下的数量减少了。终于有一天这个男孩再也不会失去耐性乱发脾气了，他父亲告诉他，当他能控制自己脾气的时候，就拔出一根钉子。一天天地过去了，最后男孩告诉他的父亲，他终于把所有钉子都拔出来了。

父亲握着他的手来到后院说：“你做得很好，但是看看那些围篱上的洞，这些围篱将永远不能回复到从前。你生气的时候说的话将像这些钉子一样留下疤痕。如果你拿刀子捅别人一刀，不管你说了多少次对不起，那个伤口将永远存在，话语的伤痛就像真实的伤痛一样令人无法承受。”

人与人之间常常因为一些微不足道的误会，而造成永远的伤害。所以在对别人有所决定与判断之前，首先，请想想这是否一个“误会”，然后，请考虑你是否一定要钉下这个“钉子”，如果可以的话，请“且慢下手”。如果我们都能从自己做起，开始宽容地看待他人，相信你一定能收到许多意想不到的结果。帮别人开启一扇窗，也是让自己看到更完整的天空。

舒倩电脑上的设计方案被同事窃取了，她第一反应是愤怒，之后也开始冷静思考，这位同事为什么那样做，肯定有她的原因和想法，她真诚地尝试替同事设身处地想了想。“她一直是个有信誉的人，这一次，我想应该事出有因吧。”

于是，她理智地找到同事，证实的确事出有因。后来，这位同事对朋友们说：“当舒倩需要我时，我会献出一切。”

在人与人的交往中，误会往往难以避免。误会，误人亦误己，它会阻碍人们之间的正常交流，致使隔阂产生。误会多因琐事而生，如果不能冷静、客观地去考虑，加以冲动之火助长，便会形成星火燎原之势，一发不可收拾。

那么，在职场中，我们要如何以宽容之心来消除误会呢？

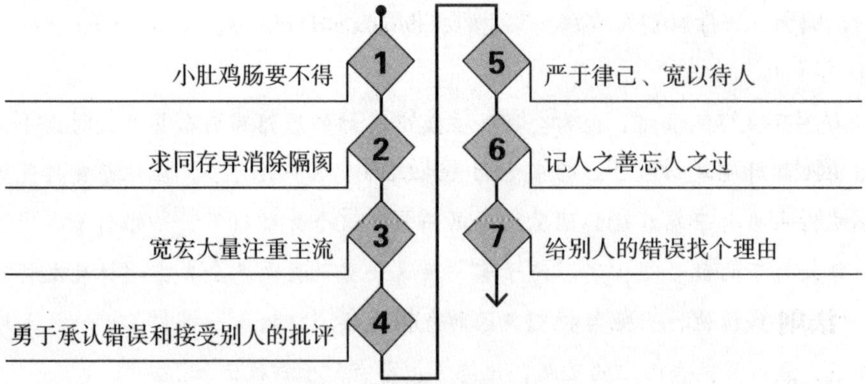

用宽容来消除误会的法则

法则01：小肚鸡肠要不得

小肚鸡肠的心态是妨碍建立良好的人际关系的，只有克服小肚鸡肠的性格缺陷，让自己的心胸变得开阔，成为有气度有度量的人，才能真正获得人际交往的好人缘，建立广泛的人际网。罗兰说过："宽宏大量是一种美德。它是由修养和自信、同情和仁爱组成的。一个宽宏大量的人快乐必多，烦恼必少。"

如果你在被伤害了之后，能宽容体谅朋友，表现出"大肚能容，容天下难容之事"的气度，你的境界就比一般人高了，你的胸襟和气度使你的精神达到了一个新的高度，你的人格魅力也就可见一斑了。

法则02：求同存异消除隔阂

一个人即使为协调人际关系作出了很多努力，但仍然不可能完全免除和别人的冲突。只要人们之间发生交往，就会或多或少产生矛盾，这是由人的天性所决定的。

发生这样那样的冲突，对双方都是不利的，必然会对各自的事业产生消极的影响。一个想要成就一番大事业的人，必须想方设法避免不必要的冲突，千方百计地消除各种矛盾，使自己有一个宽松和谐的工作和生活环境。

法则03：宽宏大量注重主流

人应当有广阔的胸怀，宏大的气度。胸襟坦荡宽广的人不会因为犹如芝麻般的小事而忙得团团转，应把目光投向生活的深度和广度，从而做事稳重、态度从容不迫。

人生应当宽宏大度，凡事都斤斤计较，只会给人带来烦恼，好事反为不好。因此，在生活中，我们不要把事情做绝了，要学会不为小事斤斤计较，这样不但会给别人留有余地，也会给自己留有了后路。

法则04：勇于承认错误和接受别人的批评

真诚地承认自己的错误，宽容地接受别人的批评，坦率地进行自我批评。宽容是一种超然的人生境界，是一种退一步海阔天空的释然。假如事情真是你的错，辩解只能让对方觉得你是在逃避责任，只会给人更坏的印象。然而，如果能坦诚承认自己的错误，则会真正地得到他人的谅解，得到别人的欣赏和尊重，并藉此化解人际交往中的矛盾冲突。

如果我们能心存宽容，真诚待人，宽以待人。不斤斤计较别人的指责，勇敢地承担自己的错失，就会尽可能多地赢得别人的好感、信赖和尊敬，就能较好地与周围的人和睦相处，在自己的人生道路上轻松愉快地行走。

法则05：严于律己、宽以待人

人世间有那么一种美德，叫“宽以待人”；天地间有那么一种尊敬，叫“严于律己”。这两方面将我们的文化和生活不断地推向了一个又一个的高峰。因为只有这样，我们才能在与他人的融洽相处中取人之长，补己之短；因为只有这样，我们才得以在不断的反省中发现自己的弱点；因为只有这样，我们才找到了自己人生的价值与意义，并且在追寻目标的过程中一次又一次地超越自我。

不管是在生活中还是工作中，假如你与他人的利益相冲突时，只要略作让步，或许就会赢得他人的尊重；假如别人犯了错误，请不要急着教导人家，先反思一下自己，看看自己是否也有责任，这样会使自己在人群中的威信和魅力倍增；假如你觉得长期得不到领导的重视和赞赏，那么请先检查一下自己各方面的表现，而不是郁郁寡欢，长吁短叹，甚至懈怠工作，那样你会发现，其实有时候只要调整一下思考问题的角度，周围的环境就会豁然开朗，空气清新。

法则06：记人之善忘人之过

在我们的生活当中，朋友偶尔的一句话，一个要求，一个行为，一个思想冒犯了你、惹恼了你，令你怒发冲冠、耿耿于怀甚至于想断绝交往，从此不相往来，更有甚者想利用各种方法报复以解心头之恨……当我们遇到这种情况的时候，不免想想《三国志》中的话：“记人之善，忘人之过”。

要赞扬别人的善事，不要宣扬别人的过失；对别人惭愧羞耻之事，不要宣讲；听到别人的隐秘，也不要向其他人讲说。谈论他人的是非，只会蒙蔽自己的心性，妨碍解脱之道。在谈论是非之时，内心呈现的是纷扰的情况、不安的状态。而且，“说人者，人恒说之”，若是不知道请谨言慎行。可以预见，这个“说人者”将会很难挣脱是非的困扰。

法则07：给别人的错误找个理由

俗话说“得饶人处且饶人”，细想起来，包容别人一时的过错，就像往银行储蓄一样，包容心越大，得到的回报就会越多。

与人之间难免会有碰撞、有摩擦、有矛盾，或许对方根本就是无意，或许对方有难言之隐。退一步天地宽，不妨试着置之一笑，给别人也给自己一次机会，也许会有意想不到的收获。原谅别人需要有自我牺牲的精神，具有高远的、宽阔的胸怀，吃亏并不代表软弱可欺，因为原谅远比报复好。给别人的错误找个理由，包容他的过失，这样做就会让你少了一个敌人，多了一位朋友。

职场点拨

人与人之间由于认识水平不尽一致，有时会造成误解导致矛盾产生。如果我们能有较大的肚量，以谅解的态度去对待别人，这样就会赢得时间，使矛盾得到缓解。相反，如果肚量不大，即使是小事，相互之间也会斤斤计较，最终伤害了感情，影响了人际间的交往。

第三节　宽容一点，理性对待竞争

名人名言

最高贵的复仇是宽容。

——雨果

身在职场，每天面临着各种各样的机会，譬如晋升、加薪或者分房，等等，在这些名利诱惑下，出现竞争就是不可避免的。如何正确认识竞争，对待竞争，是处理好同事关系的关键。竞争，在这个社会中是不可避免的，这时与其花时间去打击、贬低对手，急于表现自己，还不如用宽容来建立和谐的人际关系，获得他人的支持和帮助，共同提高、互勉共进，坦然面对输赢来完成任务。

怡菲和逸辰是同事，在一间办公室里工作，但逸辰从不多看怡菲一眼，怡菲也对逸辰冷若冰霜。

因为，他们为入住隔壁那间经理室已暗斗了三年。

女人有为达到自己目的而不择手段的权利，所以，有时连怡菲都觉得自己卑鄙。比如逸辰在审查即将送交的文案时，她趁他转身离开，会迅速将他的文案永久删除。让怡菲窃喜的是，逸辰竟对此全然无知。

那天，公司组织游玩，晚餐时，怡菲喝了不少饮料，便急冲冲跑进厕所。

但刚一进去，却发现逸辰竟在里面，裤子的拉链还未拉上。而当怡菲看见那一排排便槽时，才发现自己匆忙之下竟进错了地方。她一下呆在那里，不知所措。

而他只轻轻地说了一句：“还不快走。”

怡菲急忙退出，满脸通红。心中感激他的平静，但转念又想：他会不会背着我把这事传到其他人耳中，并加油添醋，毕竟，我是他在公司里唯一的竞争对手。

但这段尴尬的插曲就像是从来没发生过，已一个多月了，没有人对怡菲露出讥讽的眼光——包括逸辰。

怡菲知道那段插曲已成为了她和逸辰之间永远的秘密。然而，以往她的那些卑劣手段，却又成为了她心中永远的结。

几天后，逸辰毫无争议地入住了隔壁那间经理办公室，而怡菲成为了他手下的职员。在逸辰正式升职那天，怡菲打算说出以往对他的种种恶行，却欲言又止。不料，他竟微笑着先开了口：“其实，我早就知道了，只是，我深信，报复并不能让一个人成功。”

怡菲的心结由此彻底打开。是啊，报复并不能让一个人成功，只能给自己增加无休止的妒恨与痛苦。而宽容，才是战胜报复的最好武器，才是走向成功的最终砝码。

过去，怡菲从没有安心地工作过，但现在，她安心做一名他手下的职员。因为怡菲知道，她就住在宽容的隔壁。

对职场中为难你的人、竞争对手，不可睚眦必报，请多一分宽容。因为从另一个角度来说，他们也是提升你的贵人。对曾经有恩于自己的人宽容是一种回报，而面对竞争对手的宽容体现的是人性的一种美德——大度。

职场中器量狭小、排挤同事的人，一定也会遭到其他人的排挤；把同事当做阻挡前途的障碍，一定难以在办公室里立足。同事之间，难免有摩擦，有些人有时还特别针对你，处处为难你。“多行不义必自毙”，他最后把自己陷进去，此时的你不该落井下石，而该宽容谅解。

今日同事落难，你不落井下石，会赢得一个朋友。他日东山再起，没准获得比你更高的成绩。对于那些跟自己有竞争关系的人，不妨试着去赞美他，往往可以神奇地化解彼此间的敌意，在职场上，减少树敌，就会增加安全保险。

有一群狼，经常到一个牧场叼羊，牧场主用了整整一个冬季，请猎手围猎狼群，隐患总算解除了。可是过了不久，羊群开始流行疫病，羊大批地死掉，比遭受狼患的损失还大。牧场主又请来医生，给羊群进行防疫治病。

但是，不知为什么？疫病还是不断地发生，没办法，牧场主只好请来一批专家会诊，而专家的结论却是去找几只狼来，放到附近的山里去。原来，狼先前的光临，对羊群有着天然的“优生优育”的作用，狼的骚扰，会使羊群常常惊悸奔跑，羊只也因此格外健壮。

这仅仅是一个故事，但却让人深思。在生物链中，狼是羊的天敌，如果没有了狼这个“对手”，羊就要面临灾难，这就告诉我们：如果没有敌手的威胁，自身免疫力就会下降，从而不打自灭。在职场中，如果没有“折磨”我们的同事，我们又怎能提高职场“免疫力”呢？

同一办公室里有年龄、条件相仿的同事实在是件头疼的事，因为人人都会把你们两个拿来比较。其实同事间本来是既合作又竞争的关系，以健康心态看待竞争关系，同事的能力越来越强，等于是在无形中促使你提升实力。

印度诗人泰戈尔曾说："越是有人责备我，我就越坚强；越是面对刻薄的人，我就越懂得宽容。"当然，作为公司的一位职员，难免会碰到对你横挑鼻子竖挑眼的人，难以相处的人也肯定少不了，如果你对他们也显示出极其厌恶之意，则无异于显示自己度量的狭小。

所以你应该拿出你的诚意来，诚心诚意欣赏对方的长处，对于对方出错的地方，你也应该开诚布公地与他商讨，消除彼此之间的敌意。

每个人都有自己的世界，可悲的不是活在狭窄的天地，而是只活在自己的世界中，一味以自己的眼光看待别人。因此，为人处世的最高境界就是懂得宽容。

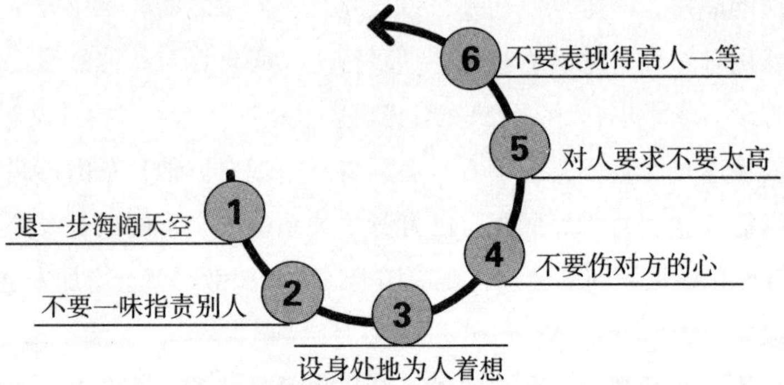

宽容别人的技巧

技巧01：退一步海阔天空

人生好比行路，总会遇到道路狭窄的地方，每当此时，最好停下来让别人先行一步。如果你心中常有这种想法，那你的人生就不会有那么多抱怨了。即使终生让步，也不过百步而已，能对人生造成多大影响呢？你经常让人一步，别人心存感激，也会让你一步，即使一条小路对你来说也会是阳光大道。你事事不肯让人，别人心怀怨恨，就会设法阻碍你、损伤你，即使是一条大路，对你来说也充满险阳。人与人之间往往是心与心的交往，诚心换来的是真情，坏心换来的是歹意。

技巧02：不要一味指责别人

职场中，当你和同事的关系处理不好、或者和别人发生矛盾时，不要一味指责别人、怨恨别人，而要反省自己的言行是否有不妥的地方，是否对别人造成了伤害。时存自省之心，心地必然宽广。

技巧03：设身处地为人着想

遇事多宽容，设身处地地多为别人着想，不可以斤斤计较。人与人交往难免有个言差语错，或你长我短的，动不动就借题发挥，闹矛盾，扩大事端，这很容易破坏彼此的人际关系。有的人度量小，心眼窄，说句不客气的话叫鼠肚鸡肠，对人不计大德，专记小怨，不管别人对他怎么好，只要得罪了他，或是无意冒犯了他，就耿耿于怀，没齿不忘；或者当面顶撞；或者过后算账，不肯善罢甘休。有的人不能受一点委屈，稍受点委屈就咽不下这口气，非要雪耻不可，这样针尖对麦芒，谁还敢与你交往，与你为友。

技巧04：不要伤对方的心

人的自尊心比金钱更重要。一个人如果失去些许金钱，尚可忍受，一旦自尊心受到损害，就无法预测他将会干出什么事来。有时候，本无存心伤人之意，却可能因一句无意的话伤害别人，甚至可能为自己树立一个敌人，这是多么的不值得。

技巧05：对人要求不要太高

人无完人，金无足赤，任何人都可能犯错，所以对于别人的过错，要多采取容忍的态度。你对别人的宽容，会取得别人的一种理解，进而产生一种感激之情，问题便可以顺利解决。当然，现实生活中是千变万化，难以预料的，全在你掌握分寸，灵活处理。

技巧06：不要表现得高人一等

与人交往时，如果好胜心太强，就会表现得高人一等，不尊重别人的才能，轻视别人的劳动，就会无意间给自己招来麻烦。如果遇到必须取胜、无法让步的事，那也要给别人留一点余地，比如与人争辩，以严密的辩论将对方驳倒固然令人高兴，但也没必要将对方驳得体无完肤。这样做不但对自己毫无好处，甚至会自食其果，遭到对方鱼死网破式的反击。

当我们和他人发生摩擦时，首先要了解他的想法，然后在顾及对方颜面的前提之下，陈述自己的意见，给对方留有余地。

争强好胜之心，人皆有之，难得的是摆正对待输赢的心态，胜者固然可喜，败者也勿须垂头丧气，从竞争中找出差距与不足，从而在下次竞争中力争取胜才是正途。何况，俗话说得好："退就是进，让即是得"，只有时刻保持一份宽容谦和之心的人，在同事间建立起的友谊才是无比醇厚和牢固的。职场上，能力并不能决定你的前程，一个人的为人处事，对待事情的心态是很重要的，俗话说："心胸有多宽，事业有多大"，讲的就是宽容在职场上的重要性。

职场点拨

换个角度，与人方便，与己方便，把误解和过失说开，相互理解，化解矛盾，融洽相处，"多个朋友多条路""忍一时，风平浪静；退一步，海阔天空"。

第四节　宽容一点，善待他人的过错

名人名言

紫罗兰把它的香气留在那踩扁了它的脚踝上。这就是宽恕。

——马克·吐温

宽容是理解、博大、包容，也是一种高尚的品格，是一种上乘的人生境界。人非圣贤，孰能无过？每一个人在工作中都难免犯错，因此我们要宽容同事的错误，允许他改正，不能以牙还牙，或者揪着他的小辫子不放。如果缺乏宽容的品格或者不注重这方面的修养，在工作中就会人为地制造很多矛盾，或者在矛盾出现之后针锋相对，火上加油，造成更多更大的矛盾，这既不利于自己，更不利于工作的开展。

有一位部门经理，在一次外出时，手提包被盗，里面除了常用的钱物外，还有公司的公章。当她又内疚又担心地站在总经理面前讲完所发生的事情后，总经理笑着说："我再送你一只手袋好吗？你前段时间的工作一直非常出色，公司早就想对你有所表示，但一直没有机会，现在机会终于来了。"

那位没有暴跳如雷的总经理，用宽容的态度处理了这件事，使部门经理心怀感激，后来任凭其他公司以多么优厚的待遇聘请她，她都不为之所动。

这就是宽容的力量。

宽容是人和人之间必不可少的润滑剂。它和诚实、勤奋、乐观等价值指标一样，是衡量一个人气质涵养、道德水准的尺度。宽容别人是对对方的一种尊重、一种接受、一种爱心，有时候宽容更是一种力量。

宽容本身也是一种沟通、一种美德。假如生活中，我们受到了不公正待遇或自己身边的人做错了什么，千万不要生气愤怒，而应学会宽容。生气愤怒是人类最坏的毛病之一，它是在用别人的过错惩罚自己，是一种徒劳的、于己于人无益的活动。那么，我们该如何培养自己的宽容精神呢？

1. 培养宽容精神需要正确认识自己
2. 宽容是良好修养和高贵气质的体现
3. 培养宽容精神需要不断求知
4. 培养宽容精神要学会把握自己的情绪，做到换位思考

培养宽容精神的方法

工作中，同事之间本是唇齿相依的关系，就如泥土与牡丹的关系。人们赞美牡丹的鲜艳，不一定会想到泥土的芬芳，如果没有泥土的养分，又哪来牡丹的鲜艳呢？又何来对牡丹的赞美呢？同事之间也是如此，只有多一点宽容，多

一点理解，才能促进关系更加和谐，也才能在工作中取得更大的成绩。

宽容一点，我们就能发现同事之间的优点，包容他们的缺点。“生活中不是缺少美，而是缺少发现美的眼睛。”在每个人身边都会有美的存在，我们要以宽容的心态去发现工作和生活中的美，只有善于发现美，我们才会有激情和活力，工作才会有动力。只有以宽容的心态去发现同事中的优点，工作才会有凝聚力。

那么在职场中，我们如何去宽容他人的过错呢？

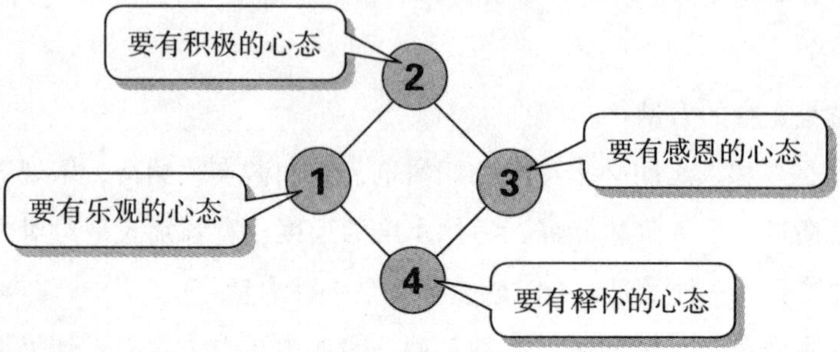

宽容他人过错应有的心态

心态01：要有乐观的心态

一个悲观的人总是很容易想到事物不好的一面，而且心情比较压抑和郁闷，所以总会对别人不满或者生气。虽然有的人平时还好，可是一旦遇到什么事情就悲观起来也不算真正的乐观，只能说是在风平浪静的时候比较开心，这是人之常情。真正的乐观在于你自己的心态，不论在什么时候都可以给自己鼓励和希望，并且相信自己。

心态02：要有积极的心态

宽容的人自己一定要做好，要让自己优秀，因为一个自己过得很不好或者不顺利时人的心情很难好起来，此时一旦别人触犯了自己，就会觉得非常生气，即使不表现出来，心里也很恼火。而如果自己很优秀了，其他的人怎么样对自己而自己都可以很坦然地接受，也就不会为一些小事而烦恼了。

心态03：要有感恩的心态

拥有一颗感恩的心，想一想世界是美好的，即使有很多不好的东西，但是我们的生活已经够幸福了。拥有了感恩的心，你的心情很豁达，你会以更加以轻松和积极的心态去面对每一天，你还会为一些小事情不原谅别人吗？你还会因为鸡毛蒜皮的事情让自己难过或者不开心吗？

心态04：要有释怀的心态

你可能一时被别人错怪，但是你可以解释。你可能不小心被朋友骗请了一顿饭，但是你以后可以更加精明地对待他，也许你因为好友临时有事，被放了鸽子，你怪他也无济于事，慢慢地，大家都会觉得你是一个大度的人，你自己的心态也可以调节到最好的状态。

“人无完人”，每一个人都有可能犯错，所以，我们对待别人的错误要以宽厚的心来包容。比如同事，即使他们的言语尖刻而冷酷，即使他们的某些过错让我们难过，我们都要选择原谅。只有包容，才能给你来更大的友好空间。

在我们遭遇不公平的对待的时候，怨恨是没有用的。我们要用一颗包容的心来看待这些，显得既有涵养，又大度，还能得到别人的尊重。

职场中乃至生活中，会有很多无奈的事情出现，这个时候，我们要宽容以待。若是斤斤计较的话，真的会太累，倒不如以包容的眼睛看待一切，让我们的心灵休憩一下，让我们看得更加长远！学会包容，我们可以化解一切！

能量驿站

原谅一切可以原谅的一切

原谅别人是一种豁达，原谅自己是一种释怀，学会了原谅你会发现你轻松了、愉快了、自信了、成熟了。

有时候，朋友的一些言语做法也许伤害了你，家人、同事的误会让自己苦恼，生活中有很多事让自己并不如愿，甚至痛不欲生，何不换一种思维方式，学会原谅呢？原谅别人是一种豁达，原谅自己是一种释怀。

你不原谅，是因为不原谅而埋在心中的仇恨或者不满往往是出于我们自己的狭隘、自卑、虚荣、放不下面子以及不客观。就好比我们经常不原谅某人无意中给自己造成的伤害，不原谅别人不小心给自己造成的不便，不原谅竞争对手的打击……所有的这些会让我们痛苦、不开心我们心中常存着郁闷之结化不开，我们背负着过去的包袱不能扔下，而影响了审视将来的快乐幸福。你一脚踩在了盛开的鲜花上，鲜花留给你的却是花香；你一把推开了一门窗，窗外吹来了一阵清新的芬芳；你翻过了一座山，山那边的风景更加迷人；你趟过了一条小河，再看见海洋会觉得是那么的宽阔……

静静地想想，有必要吗？每个人的生命匆匆而过，短短的数十年，好好地享受还来不及，苦也一天，乐也一天，为什么还要让这些琐事一直存在于你未来的生活呢？为何还要让那些不快干扰我们的视线？为何还要那些弃你而去却不会欣赏你的人存在于你的脑海呢？学会原谅吧。

学会了原谅，你我都会发现那些自信、充实、豁达、大气的人、生活幸福的人比较容易原谅别人。也许正是因为他们不太计较生活中的那些可以原谅的冲突和矛盾，才获得了良好的心态和所希望的人生。仇恨，是一个恶性的循环；原谅，是一个良性的开端。

学会原谅吧，去拥抱辜负了你和你辜负了的人吧。原谅别人是一种豁达，原谅自己是一种释怀，原谅一切可以原谅的一切，学会了原谅你会发现你轻松了、愉快了、自信了、成熟了。所有的恩恩怨怨，都会让岁月磨平，所有受过的伤，所有流过的泪，都让那海浪通通带走吧……

第五节　宽容一点，成就职场未来

名人名言

盛开的榕树可以容众乘凉，自然千年长青。有宽容别人的心量，福泽大又长久。

——方海权

在如今瞬息万变的社会中，形形色色的职业推进社会的发展，并且也让各种各样的职场新人有较多的选择步入到职业的理想国。但是在职场中，却有着一些亘古不变的职场生存晋升之道，比如感恩、比如宽容，学会它们，会让你受益匪浅。

诗瑶是名牌大学毕业生，人很文静。她在一家事业单位工作，单位里要写很多材料，她毕竟刚来，公文写作还不很熟练，于是每次写好后，她都要给同事老王看，待老王修改完，她再拿去请科长审阅。很快，诗瑶的材料越写越好，老王已经没有什么可以修改的了，可科长仍旧东涂西抹，不留情面。诗瑶虽有些不悦，但没说什么，依然是很谦和地请科长批改。老王愤愤不平，他认为科长的水平修改不了诗瑶的文章了，他给诗瑶讲过这样的故事，赫鲁晓夫参观抽象画展，看不懂，就破口大骂，负责展览的艺术家回敬道："您对艺术根本不懂。"赫鲁晓夫说出了他的那句名言："当我是一名矿工时，我不懂，当我是党的低级官员时，我不懂，但是，今天我是部长会议主席、党的领袖，因此，我现在当然懂。"老王说道，他现在是科长，他当然能够修改科员的文章。诗瑶只是笑，显得不介意。有时被老王逼紧了，她也只是说，不就是改个材料嘛，又不是修改你的人生。

由于诗瑶的谦虚勤奋或许还有才能，科长把诗瑶推荐给上级宣传部门，诗瑶上调了。

有次，上级要求科里写一个大材料，材料组织好后，科长让人先送到宣传部门说是请上级把关，两天后，诗瑶把材料修改好。这个材料得到了上级的好评。科长很满意，说："诗瑶还真行，我没有看错人。"老王也服气。诗瑶拿出钱来请大家吃饭，老王私下里对诗瑶说，你应该让科长请你吃饭才对，那文章是你写得好。诗瑶说，那怎么行，我会写材料是你们教的，我得感谢才对。老王又说，这回科长再也不敢改你的文章了吧。诗瑶说，知道我老爸在我参加工作时，送我四个什么字吗？第一感恩，第二宽容。老王当时没有细想，因为喝多了，回来后，对照那四个字，渐渐感到惭愧。学会了宽容，你就有可能翻过来修改领导的文章，学不会宽容，你就永远被领导修改。

一个有志于事业成功的人，宽容对他来说是一门不可忽视的人生必修课。

胸襟博大、心宽志广，他就会上下和睦，左右逢源，以充沛的精力投入工作之中，使自己的事业大有作为。

一个成功的企业家曾经说过，他在决定高级主管的人选时，除了考察他的能力和品德，还有一条就是“具备亲和力，能与人和睦相处”。

宽容大度不仅是一种道德法则，还是一支润滑剂，可以让你的工作环境更加和谐。同时，别人也会以同样的美德反射给你。

宽容大度是一种美德。也许你并不一定靠这个就能获得器重，但是有可能而这对于每一个求职者来说都是至关重要的。

艺辉好不容易获得一份销售工作，勤勤恳恳干了大半年，非但毫无起色，反而在几个大项目上接连失败。而他的同事，个个都干出了成绩。他实在忍受不了这种痛苦。在总经理办公室，艺辉惭愧地说，可能自己不适合这份工作。“安心工作吧，我会给你足够的时间，直到你成功为止。到那时，你再要走我不留你。”老总的宽容让艺辉很感动。他想，总应该做出一两件像样的事来再走。于是，他在后来的工作中多了一些冷静和思考。

过了一年，艺辉又走进了老总的办公室。不过，这一次他是轻松的，他已经连续七个月在公司销售排行榜中高居榜首，成了当之无愧的业务骨干。原来，这份工作是那么适合他！他想知道当初老总为什么会将一个败军之将继续留用。

“因为，我比你更不甘心。”老总的回答完全出乎艺辉的预料。老总解释道：“记得当初招聘时，公司收下100多份应聘材料，我面试了20多人，最后却只录用了你一个。如果接受你的辞职，我无疑是非常失败的。我深信，既然你能在应聘时得到我的认可。也一定有能力在工作中得到客户的认可，你缺少的只是机会和时间。与其说我对你仍有信心，倒不如说我对自己仍有信心。我相信我没有用错人。”

给别人以宽容，也就是给自己以信心，就能成就一个全新的局面。宽容不仅是给别人机会，更是为自己创造机会。

每个人都有所长，也有所短，对于缺乏包容心的人来说，他们总是喜欢盯着他人的隐私和缺点不放，并大做文章，开口就会讲出伤人的话；而包容心强的人则善于发现他人身上的优点，夸奖他人的长处，同时也能够容忍别人的缺点和不足，他们能够严格要求自己，从而善待他人的过错。

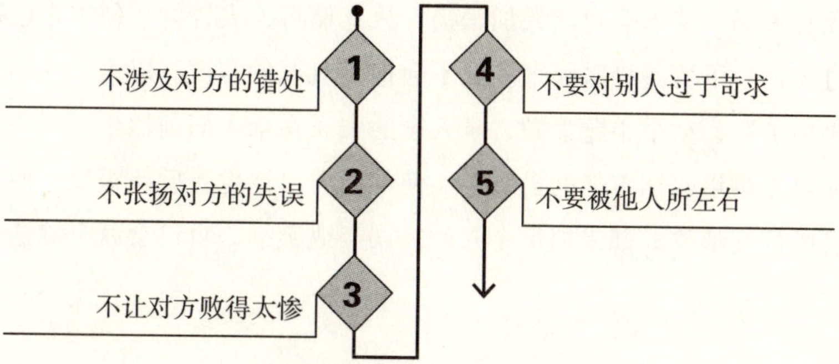

严格要求自己宽容他人的标准

标准01：不涉及对方的错处

谁都不愿把自己的错处或隐私，在公众面前曝光。一旦被人曝光，自己就会感到难堪或者恼怒。因此，包容者在职场中，一般都尽量避免触及对方所避讳的敏感区，避免使对方当众出丑。

在广州一家著名的大酒楼里，有位外宾吃完最后一道茶点后，顺手把精美的景泰蓝食筷悄悄地放入了自己的西装内衣口袋里。服务小姐不露声色地迎上前去，双手擎着一只装有一双景泰蓝食筷的绸面小匣子说："先生，我发现您在用餐时，对我们的景泰蓝食筷颇有爱不释手之意。非常感谢您对这种精细工艺品的赏识。为了表达我们的感激之情，经餐厅主管批准，我代表酒楼，将这双图案最为精美，并且经严格消毒处理过的景泰蓝食筷送给您。"

那位外宾当然明白这些话的弦外之音，在表示了谢意之后，说自己多喝了两杯，头脑有点儿发晕，误将食筷插入内衣袋里，并且聪明地借此下了台阶，说："既然这种食筷不消毒就不好使用，我就'以旧换新'吧！"说着取出内衣袋里的食筷，恭敬地放回餐桌之上，接过服务小姐给他的小匣，不失风度地向付账处走去。

标准02：不张扬对方的失误

职场中谁都可能会出点儿小失误，包容心强的人发现对方出现错误时，只要是无关大局，就不会对此大加张扬，故意搞得人人皆知，使本来已被忽视了的小过失，一下变得显眼起来。更不会抱着讥讽的态度，以为“这回可抓住他人的笑柄了”，来个小题大做，拿人家的失误在众人面前取乐。因为这样做不仅会使对方难堪，伤害他的自尊心，使他对自己产生反感或报复，而且也不利于自己的社交形象。如果把每个人的失误当成笑柄，自己会就有制造笑柄的失误。

标准03：不让对方败得太惨

在职场中，常会进行一些带有竞赛的活动。有包容心的人，在自己绝对能够取胜的情况下，往往不会使对方失败得很惨且显得狼狈不堪，反倒是给对方留有余地，既不妨碍自己总体上的获胜，又不使对方太失面子。否则，计较起来只会给双方造成不愉快。

标准04：不要对别人过于苛求

认为领导或下属都是绝对的理性或过于苛刻要求别人，都是十分错误的。无论是领导还是下属，每个人都是凡人，都会犯错误。对于领导来说，我们不能要求领导每一件事都做得十分正确。如果领导有做得不恰当的地方，我们可以和领导进行沟通，表明自己的观点，这样不仅有利于工作的开展，而且增加了相互间的理解与信任，同时可能还维护了适当的个人利益，何乐而不为呢？对待下属也是一样，你安排的工作，下属未必能做得令你十分满意。但是只要是他用心去做了，就不应求全责备。即使他没全力去做，也应该往深层次去分析原因，对之施以压力，令其在以后的工作中尽心尽力，而不是对此次的成败进行没完没了的追究。

标准05：不要被他人所左右

别人做的事，可能是很通情达理的，也可能是看起来不可理喻的，其实这些都无所谓。其实之所以这么做，自有这么做的道理。或可能人家本来就做得对，只是你不了解情况。或可能是虽然做得不对，但是有其深层次原因。因此，你所要做的只是要守住自我，一是不为其所左右，二是不被其伤害。如果有可能，能协助其化解矛盾是最好的。强行干涉别人根本无剂于事，可能还起反作用。

宽容是一种修养，是一种品质，更是一种美德。宽容不是胆小无能，而是一种海纳百川的大度。宽容别人就是宽容自己，就是给自己留一条后路。

宽容是一种豁达的人生态度，是一种巨大的人格魅力，是一种超凡脱俗的人生观。古往今来，有多少民族在宽容中冰释了误解和憎恨，有多少部落在宽容中播种了内疚和感激，化干戈为玉帛，化冲突为祥和。

贝壳宽容沙粒，成就了辉煌；高山宽容土石，成就了巍峨；我们宽容了别人，成就了梦想。朋友，如果我们把宽容时刻牢记在心，那么成功就在眼前了，因为宽容使人成功。

能量驿站

怎样让别人宽容你的错误

一个人要做工作做事情就难免出错，没有永远不出错的人。那么，一个人出错了该怎么做，才会使自己得到上司以及别人的宽容呢？

1．知道自己错在哪里

聪明人与愚蠢人的区别就在此。上司找你问话之前，你聪明的话，就应该知道自己错在哪里。如果确实不知道自己错在哪里，可以坦白而虚心地询问平时跟你关系较好的同事，或者直接去问上司。在别人告诉你之后，立即找来相关的资料，了解具体的错误在哪里。不知者不怪罪。上司明白你是经验不足或业务不熟而犯下的错误，训斥也就变成了教导。

2．不要推卸责任

每一件事情都不是简单的，不仅涉及面广而且相互间关系错综复杂。但如果这是你手头分管的事务，在发生纰漏时上司追究的当然是直接责任者。这时候你不要企图通过乱拉其他相关人员下水来减轻责任或者开脱自己，这种办法其实很笨。正确做法应该是无论别人有没有错，自己手头的事情做错了，就要担负起自己这份责任。

3. 态度要诚恳

上司或同事指出你的错误之后，你一定要有个诚恳的态度，不要心里不服气就满不在乎地应付，或者嘴上认错但行动上坚决不改，甚至背地里对人家说三道四。要记住，你背地里说过的话，迟早会传到上司或同事耳朵里，这对你是十分不利的。相反，虚心诚恳的态度会让上司或同事认为你本质不坏，人也忠厚老实，本来想要书面警告的可能改为口头警告，本来要开除的可能改为扣一个月奖金。

4. 积极寻求弥补措施

错误一旦发生，损失就相应发生。后悔是没有用的，世上没有后悔药。所以，你也就别老去说“想当初如果怎样就不会怎样”的废话，而是要想你怎样去弥补过错，尽量把大事化小，小事化无。

5. 敢于主动

聪明的人会懂得如何保护自己，知道自己怎样不受到伤害。一旦错误发生，与其等上司来找你谈话，倒不如自己去敲上司的门，勇敢地去承认自己的错误。

第十章

10 认真，启动正能量

能量导读

认真是成功者必须具备的品质。从古至今，有许多人就是因为对平常的小事特别认真，特别仔细，才会取得成功。认真是做好任何事情的前提。再简单的工作，如果不认真对待，也会做不好。认真是一种责任感，一种对工作的态度，一种极端负责的精神。

第一节　认真就是兢兢业业任劳任怨

名人名言

最终你相信什么就能成为什么。因为世界上最可怕的二个词，一个叫执着，一个叫认真，认真的人改变自己，执着的人改变命运。

——江南春

在职场中我们常常发现，一起到一个单位上班的人，同样的工作环境和条件，同样的起点，几年后却出现了很大的差距。有的成为单位里的骨干甚至是中高层领导，发挥着举足轻重的作用；有的却一直碌碌无为，工作没有起色，不仅在职位上、收入上和人家差了一大截，还随时面临“下课”的危机。

为什么会出现这种情况呢？是领导处事不公平吗？应该说有这种情况，但不是普遍的现象。是个人的天赋造成的吗？众所周知，除了极少数天才，大多数人的天赋是相差无几的。那么是什么造成这种差距的呢？是“态度”，是对待工作的态度。

工作能力相对于工作态度而言，工作态度更为重要些，因为能力不行可以培养，但若没有一个好的态度，则会给单位带来或小或大的损失。

比尔·盖茨曾经说过：“无论在什么地方工作，员工与员工之间在竞争智慧和能力的同时，也在竞争态度。一个人的态度越认真，决心就越大，对工作投入的心血也越多，从工作中所获得的回报也就相应的越多。”

有一名会计，专业工作能力无可挑剔，而且正面临着难得的升迁机会。但是在一次划账的时候，一不小心多写了一个零，结果给客户多打几百万元的款。当公司发现短款的时候，整个部门迅速行动，费了九牛二虎之力，才查到了这个数据上的错误。接着就与银行沟通，继而又与客户沟通。最后在客户的一片怨声中，事情总算摆平了。公司的经济损失是挽回了，但在客户中造成了难以挽回的影响，自然这名会计也与他的升迁机会失之交臂了。这样的工作失误并不是因为工作能力的欠缺，也不是因为缺乏团队精神，更不是因为缺乏创新意识，而是缺乏认真的工作态度。这样的故事并不少见。

现在市场竞争激烈，有时候所从事的职业并非自己的钟爱。但是，既然作出了选择，就应该为自己为企业负责。无论从事何类工种，一个兢兢业业、任劳任怨且善于从工作中找寻乐趣的人，都会成为备受赞誉的好员工，良好的机遇，也往往会垂青这一类人。不过，生活中也常见这样的人，无论年龄大小，对待工作如和尚撞钟得过且过，做事没有任何激情，信奉无过便是功，有的甚至利用工作之便为自己谋取私利。持有这样的工作态度，又怎会引起别人对你的兴趣?

身处职场中的每一个人，要想在职场中站稳脚跟，并且不断有所发展，就应该把认真二字作为一种职业生存方式。认真是职场的通行证，没有这个通行证是很难在职场上立足的，世界上没有任何一个老板会喜欢那种工作不认真、经常出差错的员工。谁都想在职场上出人头地，要想成功就必须认真。当然有了认真不是一定就能成功，但如果连这个基本态度都没有的话，就永远不要奢求成功。

可能有些员工认为自己的职位不高，收入不高，工作何必太认真。美国的人权领袖马丁·路德·金曾经说过：“哪怕你是一个注定要扫大街的清洁工，你也要对自己的职责全力以赴，就如同米开朗琪罗作画、贝多芬作曲、莎士比亚创作戏剧那样认真工作。倾注全力所取得的工作成就，会让每个人都为你驻足赞美，称你是一个杰出的清洁工。”任何一份正当和合法的工作都是高贵的，每一个认真诚实的劳动者和创造者，都值得世人赞誉。如果对工作不认真，受到损害的不仅是企业的利益，而且是自身的职业生涯以及声誉。

那什么叫认真呢？具体地说，它应该以下几个方面的条件。

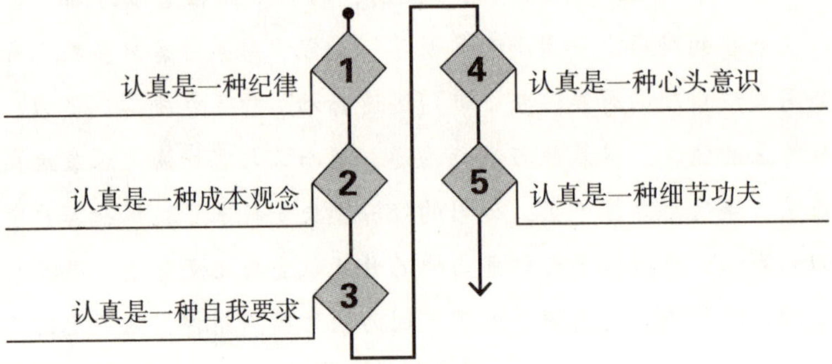

符合认真的条件

条件01：认真是一种纪律

认真的人尊重公司的制度，愿意配合团队的规定，而不特立独行；认真的人会有良好的生活习惯与工作习惯，而不会常常迟到早退。

条件02：认真是一种成本观念

认真的人会用公司的角度来考虑事情，不会因为花的不是自己口袋里的钱而任意挥霍，会比会计部门更考虑到成本，会不只注重品质，更重视如何用最少的钱获得最大的效益。

条件03：认真是一种自我要求

认真的人不只是把手边的工作做好，还会考虑到前后的关系，知道事情的来龙去脉，而不只关心自己，会要求自己也能成为别人协力的好帮手。

条件04：认真是一种心头意识

在办公室里常常存在着一些“无意识”的员工，他们并不在意公司的发展，甚至对公司的死活无动于衷，而认真的人常常在心头让个人发展与企业发展并行，认真的员工常常和经营者一样有着危机意识。

条件05：认真是一种细节功夫

认真的人不会马虎任何一个细节，他们不只知道达成目标的意义，更知道一些待人处事的细节，他们会在流程上一丝不苟，也会在人性脆微处给人们最贴心的温暖与激励。

认真就是不放松对自己的要求，就是严格按规则办事，就是在领导不在场、同事不注意时，甚至好多人都在混日子的时候，自己仍然坚持自己的职业操守，一丝不苟地做好每一件事。认真就是要有强烈的责任感，不管处在什么样的岗位上，都要有效地履行岗位职责，并把自己的工作与企业的整体工作联系起来，主动地承担起应有的责任。认真就是要把自己该做的事情做到最好，在平凡的工作中，不断地进行总结，于司空见惯中发现问题，于枯燥简单的工作中寻找规律，于日复一日的重复工作中探索创新，永远追求卓越。

是否认真做事不仅是一个行为方式的问题，更能反映出一个人的品行。认认真真和清清白白往往是紧密相连的。认真做事的前提是认真做人。树起认真的旗帜，踏着认真的脚步，成功就会向你招手了。

职场点拨

对于职场新人来说，态度比能力重要得多。因为能力还可以靠经验来弥补，但是新人的态度如果有问题就真的是大问题。什么是态度好呢？不仅仅是把事情做完了，而且也努力做好了。自己出错敢于承认，不偷奸耍滑抖机灵。

第二节　认真就是简单小事做到极致

名人名言

什么是不简单？能够把简单的事千百遍都做对，就是不简单；什么是不容易？大家公认的非常容易的事情认真地做好，就是不容易。

——张瑞敏

初入职场者，都想成就一番事业。但真正进入工作状态后，却觉得当初的豪言壮语、踌躇满志似乎没有了“用武之地”。因为很多人都发现，自己干的这些小工作似乎任何人都能干，与自己当初设想的“伟业”相差甚远。所以就有人开始变得敷衍和轻视自己的工作，只等待着能有一件大事来展现自己的价值。

其实，职场中的工作无小事。俗话说，“一滴水，可以折射整个太阳的光辉”。许多大事都是由一些微不足道的小事组合而成的。绝大多数人从事的是简单烦琐、看似不起眼的小事，但对于公司的运作而言，公司的每一件事情、每一个岗位都很重要，可能某一个环节出了问题，都有可能会影响到整个公司的运作。

所以，每一件事都值得我们去做，而且是用心地去做，即便是最微小的事情，也不能抱着敷衍和轻视的态度。

职场中对于同样的小事，不同的人有着不同的体会与成就。那些不屑于做小事或者忍受不了小事的平淡与枯燥的人，总会眼高手低，等到真有机会让他做大事的时候，他就又无从下手了；聪明的职场人则把小事当成锻炼自己的机会，从小事做起，逐步锻炼自己的意志力，增长自己的智慧，从而不断培养自己的判断与思考能力。

很多人经常会陷入一个误区：既然要成功，就得做一些轰轰烈烈的大事，而不应该去做一些微不足道的小事。其实，那种想要一步登天、好高骛远、不能把小事做好的人，永远也不会到达成功的彼岸，最后往往因为对这些小事的轻视，凡事都敷衍，结果一着不慎，输掉全局。

怡菲是一个名牌大学毕业生，毕业后她来到了一家私营的咨询公司。凭借着她的聪明和活泼，很快就得到了部门同事和领导的喜爱。

刚到公司，怡菲对什么都很好奇，东西也学得比较快。从工作流程到待人接物，很多工作只要别人一说就上手，一上手就熟练，跟各位同事也相处得颇融洽。慢慢地她开始处理一些各部门之间以及各分公司之间的业务联系和沟通等协调工作。

虽然开始时怡菲经常出错，但在部门经理的耐心指导下，怡菲还是很快地适应了这些工作。但慢慢地，怡菲开始变得有些不对劲了，工作也不那么上心了。看到怡菲这样，部门经理找到怡菲，问她有什么问题。怡菲这时才道出原委，原来她觉得凭借自己的能力不仅仅能做目前这些琐碎的小事，还应该做一些更加重要的事情。

经理问道："那你认为什么是琐碎的小事呢？"

怡菲马上回答说："例如帮您贴发票，然后报销，然后到财务去走流程，然后把现金拿回来给您！"

这时经理笑着问她："你帮我贴发票报销有半年了吧？通过这件事儿，你有什么收获吗？"

怡菲待了半天说："贴发票只要财务上没有错误，分好类别，日期有效就行了吧，还能有什么收获？"

这时，经理语重心长地讲起了他自己当年的事情："我当年像你这个年纪的时候，担任总经理助理的工作。其中有一项工作就是跟你现在做的一样，帮总经理报销他所有的票据。本来这个工作就像你刚才说的，把票据贴好，然后完成财务上的流程就可以了。但后来我注意到，所有的票据不仅是用来报销，它还可以是一种数据记录，它记录了总经理乃至整个公司营运有关的费用情况。看起来没有意义的一堆数据，其实涉及公司各方面的经营和运作。于是我建立了一个表格，将所有总经理在我这里报销的数据按照时间、消费场所、数额、联系人等记录了下来。

"我起初建立这个表格的目的很简单，只是想在财务上有据可循，而且，万一我的上司有情况来询问我的时候，我会将准确的数据告诉他。但通过这样的一份统计数据，我渐渐发现了一些上级在商务活动中的规律。比如某类的商务活动经常在什么样的场合举办，费用预算大概是多少，总经理的公共关系处理方式等。

"慢慢地，经理发现他布置工作给我的时候，我会处理得很好，即使有时有些信息他没来得及告诉我。后来他知道了我的工作方法和信息来源。基于这种积累，我越来越获得上司的信任，当我升职到今天这个位置的时候，他说我是他用过的最好用的助理。"

从工作中一些微不足道的小事洞察秋毫，可以感悟到一个人的内在精神。案例中怡菲的经理正是凭借这份内在精神而获得了上司的信任。所以，把每一件简单的事做好就是不简单，把每一件平凡的事做好就是不平凡，能否把小事做好将是决定你今后发展的分水岭。

正所谓熟能生巧，即使是再简单、重复的事情也可以不断总结、不断优化，把小事做细，把细事做透，小事也可以给我们带来大改变与大成果。

洛克菲勒中学毕业后，决定到商界找一个前程远大的工作。不久之后，既没学历、又没技术的洛克菲勒被分配去检查石油罐盖有没有自动焊接好，这是整个公司最简单、枯燥的工序，人们戏称连3岁的孩子都能做。

每天，洛克菲勒看焊接剂自动滴下，沿着罐盖转一圈，再看着焊接好的罐盖被传送带移走。半个月后，他找到主管申请改换其他工种，但被回绝了。无计可施的洛克菲勒只好重新回到了焊接机旁，他下决心既然换不到更好的工作，那就把这个不好的工作做好再说。

于是，他开始认真观察罐盖的焊接质量，并仔细研究焊接剂的滴速与滴量。他发现，当时每焊接好一个罐盖，焊接剂要滴落39滴，而经过周密的计算，只要38滴焊接剂就可以将罐盖完全焊接好。

经过反复测试、实验，洛克菲勒终于研制出"38滴型"焊接机。就是这一滴一年下来为公司节约出了5万美元的开支。洛克菲勒就此迈出了日后走向成功的第一步，直到成为世界石油大王。

所谓“大处着眼，小处着手”。很多想成功的人都只顾从大处着眼，认为这样成功更快，但不经过“小处着手”的平淡和枯燥，不断总结积累“小处”的经验和知识，是无法成就一番事业的。所以，要想成就一番事业，必须从简单的事情做起，从细微处入手，把每件工作的每个细节都做到位，将小事做到极致，才能为事业的开展奠定基础。

身在职场，我们该如何做好每一件小事呢？只要我们在工作中把握好以下几个原则就可以把每一件小事都做好。

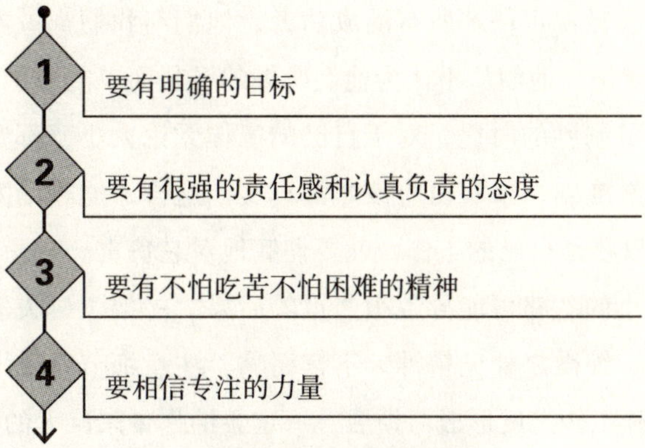

工作中做好小事的原则

原则01：要有明确的目标

目标就像是一个风向标，它始终给我们指引着方向，一个人如果没有了方向，即使面前的路四通八达，他也不知该怎么迈出步子。人生要有目标，有目标才有希望，有希望才有动力，没有目标的人生就如同折翼的老鹰，永远只能在平地上，无法起飞，也无法超越。

要想获得成功，就一定要朝向一个构成成功的目标。也就是说，成功的尺度不是做了多少工作，而是做出了怎样的成果。明确的目标能使你充满信心，使你的心态变得积极，使你具有强烈的成功意识。这种成功意识使你充满成功的信念，并且拒绝接受任何失败。

在平凡琐碎的工作中，往往都含着一些催化剂，假使它起作用了，就会使生活发生巨大的变化，从而影响一个人一生的命运。而目标就像这个催化剂，它能使一个平凡的人变得伟大。

原则02：要有很强的责任感和认真负责的态度

要知道工作无小事，不要忽略每一个细节。

工作无小事，认真对待每一件事都算是做大事，固守自己的本分和岗位，就是做出了最好的贡献。没有哪一件工作是没有意义的，每一个过程都成就了另一个过程，只有环环相扣，整体才会和谐美好。每个人各就各位，努力尽责并扮演好自己的角色，我们才可以顺利地完成一份共同的责任。

每个人所做的工作，都是由一件件小事构成的，但不能因此而对工作中的小事敷衍应付或轻视责任。所有的成功者，他们与我们都做着同样简单的小事，唯一的区别就是，他们从不认为他们所做的事是简单的小事。

这是一个细节制胜的时代，对于自己的工作无论大小，都要了解得非常透彻，数据应该非常准确，事实也应该非常真实，这样才能脚踏实地完成宏伟的目标。可以说，只要是自己的工作，就要彻底地对它负责。

要知道一个小的忽略可能导致很严重的后果。一架飞机失事，仅仅因为一个小小的螺丝钉。细微之处见精神。不言而喻，注意细节所做出来的工作一定能抓住人心，这种工作态度形成习惯后，一定会给你带来巨大的收益。

原则03：要有不怕吃苦不怕困难的精神

工作中，我们常常会遇到各种各样的失败，也会遇到各种各样的困难，我们如果想跟这些困难妥协，那我们只能与成功无缘。

磨难犹如成功道路上的筛子，它让强者通过，它把弱者截留。我们在工作中必须修炼和铸造自己不怕困难、知难而进的品格。要在困难面前成为强者，就要具有蔑视困难、进击困难的挑战性，越是困难越向前，坚持不懈、百折不挠。

失败者的悲剧，就在于被前进道路上的迷雾遮住了眼睛。他们不懂得坚持一下、不懂得再朝前跨越一步，前方的道路就会豁然宽广，希望的灯标又会在前方熠熠闪烁。他们在最需要下大力气、毫不懈怠花费精力的那一刻，却停止了努力。结果，他们在距离成功之前的那一刻，颓然倒下了。其实，这是自己打败了自己，因而也就失去了应有的荣誉。

不要因为一时的挫折停止尝试。面对困难的时候，你更要学会坚持，不要轻易气馁和放弃，许多时候只需要我们再多坚持一分钟。

原则04：要相信专注的力量

人生本就是许许多多件事情组合起来的，我们不可能做好每一件事，因为我们不是神，那么我们就把精力集中在一件事上，把一件事做出彩。我们就可以把不可能变成可能。相信专注的力量，认准你的目标并向目标迈进，你就会梦想成真。

成功者之所以会成功，原因在于他做事比我们更加专注，付出的比我们更多。把他的全部注意力都放在一件事情上，并且加倍努力，然后取得属于自己的成功。其实成功并没有想象中的那么困难，谁都可以成功，谁都可以找到成功的捷径。成功的人一定拥有坚强的毅力，只要认准一件事，就会专心致志、扎扎实实地向着既定的目标迈进，并最终获得成功。

做好一件事很难，做好一件事也很容易，只要我们认清方向，找对方法，不怕困难，然后朝着这个方向努力，你的成功就不会离你遥远。做好一件事，不停地积累，才能成就大事。

成功其实并不难，简单的事重复做，重复的事快乐做，快乐的事用心做。只要我们努力做好身边的每一件小事，将小事也能做到极致，总会有从量变到质变而有所成的那一天。

能量驿站

如何摆脱对小事无所谓的恶习

要想摆脱对小事无所谓的恶习，你必须做好以下几点：

（1）在接到一项任务时，对其中的各种细节都不要产生轻视的心理，你要把它看成一件重要的大事。只有这样，你才会真正重视它，并开动脑筋、发挥潜力做好它。实际上，要做到这一点并不容易，你需要时时提醒自己：“别看它不起眼、非常简单，但对整项任务能否顺利完成却起着至关重要的作用。只有做好它，我才能高质量地完成任务。”

（2）工作时一定要认真、细心，不要以为是平凡的小事，就敷衍了事地应付。你应该像做重要的事一样认真对待，细心、扎实地处理好每一个细节和环节，一丝不苟地去完成它。这样，你就能借助“平凡小事”的力量推进工作进度，做出不平凡的业绩。

（3）做得“完美”时要让周围的人知道。不论你所负责的工作多么平凡、多么不起眼，假如你细心工作，发挥你的聪明才智，你就可能做出让周围人惊讶的成绩来。比如，你想出了一个好的创意，有利于提高工作成就；再如，你创造出一套行之有效的好方法，能提高工作效率，或者提高工作质量。这无疑是平凡的工作对你的回报。这些好的创意和想法对于你更好地完成更富挑战性的工作是非常有利的，同时它也为你提供了一个成功的契机。许多人在得到这些“馈赠”和“回报”时，习惯于藏起来自己独享，实际上，这种行为并不可取。这个时候，你最好让周围的人知道，切忌保密。与人分享成果有利于得到别人的好感，提高你的人脉指数，而良好的人际关系则会使你的工作速度和工作质量得到进一步提高。另一方面也有助于上司发现你的能力，使你早日获得晋升的机会，而且这样做还有助于提升整个团队和企业的绩效。

总而言之，一个人能否取得卓越的成就，取决于他能否将那些再平凡不过的小事做好。因此在工作中，哪怕事情微不足道，你也要认认真真地把它做好：能完成100％，就绝不只做99%。

第三节　认真就是专心致志全力以赴

名人名言

如果你在小事上苟且，那么你在大事上、你在一生中一定也是一个苟且的人。

——李亦非

专心致志就是集所有的精力于一点，就是一心一意，执著坚持于自己的目标，不为任何事情干扰，不达目标不罢休的行为。

专心致志是优秀员工的工作态度，是平庸和卓越的分水岭。没有专注，就不可能有成功。因为一个人如果不能专注于自己的工作，三心二意，三天打鱼两天晒网，东张西望，左顾右盼，怎么可能取得成就？

上午八点钟打卡，就盼望着下午五点钟的下班铃声，这是许多企业员工的普遍心理。不管是管理人员还是普通员工，他们都把工作当作是两个周末之间的插曲，并且喜欢说："别太卖力啦！差不多就行了！"

我们随处可见这样的情景，随时可以遇到类似的人。这是他们对待自己的工作所呈现的一种态度，然而当他们看到其他人赚了大钱，开着小车，戴着名表时，就会在心中既羡慕又嫉妒，不免抱怨连连，感叹上天的不公。他们把他人获得成功的原因看作是命运或者机遇，却并没有看到他人成功背后的付出。

这个世界上没有天生的赢家，只有付出才会有收获，这就如同种稻子一样，只有辛勤的劳作，才能在秋天收割到金黄的谷子。以身作则，用自己的行动为他人做出榜样的好员工，之所以能深受老板的器重，拥有比其他员工更多的晋升机会，以及广阔的发展前景，就在于他们知道只有付出才会有收获，只有把工作做好才能获得成功。因此，他们在面对工作的时候，总是专心致志，全力以赴。

立新与鹏飞是在同一次招聘中进入现在这家公司的。从学历、能力上来说，立新要略胜鹏飞一筹。正如大多数老板都喜欢聪明的员工一样，这家公司的老板在开始的时候更看重立新一些。立新与鹏飞进公司没多久，他们部门的主管就离职了，大多数的人都认为这个职位非立新莫属。但老板却有些难以做出决定，因为他觉得鹏飞也不错。为了能够选出一个最合适的部门主管，老板搞了一次主管竞争上岗的活动。他在一次例会上宣布立新与鹏飞为主管候选人，并且给了他们一个月的期限，到时由整个部门的同事根据他们这段时间的表现，投票选举决定谁为主管。

转眼间一个月的时间过去了，投票选举结果出来了，选举鹏飞为主管的票数远远超过立新。老板便当众宣布鹏飞为这个部门的新主管。

立新心中不服，认为自己的学历和能力都要比鹏飞强，他才是真正适合这一职位的最佳人选，认为这次选举不公平。于是，他找到了老板，把自己的想法说了出来。没料到原本支持立新的老板在这个时候也变得支持鹏飞了，他对立新说，这次的选举是公平公正的。他们这一个月的表现不但告诉了他，并且告诉了整个部门的所有员工，谁才是真正适合他们的主管。

究竟是什么原因促使原本大有希望的立新与主管这一职位擦肩而过呢？其实起着决定作用的并不是学历和能力，而是他们面对工作的态度。立新输就输在没有像鹏飞那样专心致志、全力以赴地工作，而是万事只求一个过得去，差不多就可以了。

我们只有用心去做一件事情，才能真正地把事情做好，并且投入的越多，所获得的效果越好。身在职场中的每个人都应该认识到一个事实：那就是没有哪一家公司的老板欢迎不会给企业带来任何经济效益的员工，同时他也不会亏待每一位能够为企业创造效益的员工。这就是说，在职场中获得生存和发展的最坚实的基础便是你是否能够做好工作，为企业向前发展起到推动作用。你如果能把工作做得更好，那么对企业向前发展推动的作用就越大，同样你所收获的就越多。

专心致志、全力以赴是把工作做得更好的秘诀所在。我想大多数人都有这样一种经验，当我们做一件事情时，如果三心二意，即使能把事情做完，结果也会与你所预想的有所出入，与预期的效果必定存在一定的距离；反之，当我们专心致志，全力以赴地投入，抛弃心中所有的杂念时，不但事情最终的结果会比我们所预期的要好，并且在执行的过程中，我们能很容易解决出现的一些问题，而且所花的时间要少得多。

专心致志、全力以赴是我们能把事情做得更好的一个有力保障。当我们在面对工作的时候，专心致志、全力以赴必定能创造出更好的成绩。老板喜欢的就是像这样用心投入的员工。因为你的这种精神状态，不仅会让你把工作做得更好，同样还会影响到他人。

大家都知道龟兔赛跑的故事，最终的结果是跑得慢的乌龟胜出了，原因在于兔子三心二意，一边比赛一边玩，可见专心致志对一个做事有多大的影响。那么如何训练提高自己专心致志的能力呢？不妨按照下面六个步骤试一下。

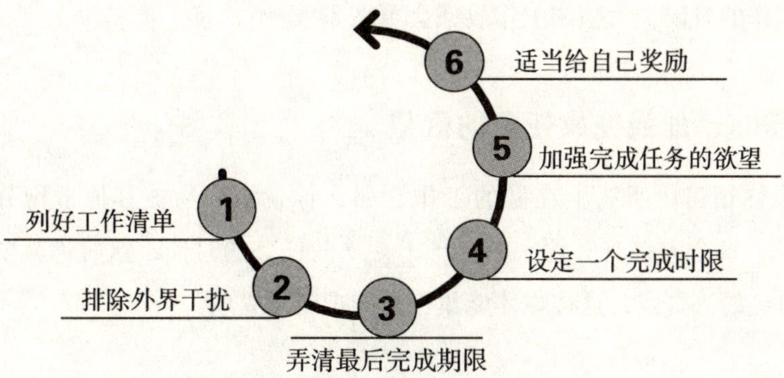

提高自己专心致志的能力

步骤01：列好工作清单

把你要做的所有事情列在一张清单上，这样做会便于你进行工作统筹。下来安排好所有的工作次序，并严格按照这个次序来做。举例来说，你可以先把简单的工作处理掉，然后集中精力处理那些比较复杂的问题。

步骤02：排除外界干扰

把所有会让你分神的东西都屏蔽掉，如手机、音乐等。如果你是在电脑上处理工作，那么把所有与当前工作无关的窗口都关掉，可以的话尽量不要使用浏览器。

步骤03：弄清最后完成期限

弄清楚每项任务应完成的最后期限，并严格遵守这个时间。当工作有了完成期限的限制，你会有相当的紧迫感，在工作的时候也就不容易分心了。即使上司分配给你的任务并没有一个明确的期限，那么就为自己设定一个，并记录下来，以免忘记。

步骤04：设定一个完成时限

规定自己每工作一个小时后休息十分钟，站起来伸展一下肢体，放松一下精神。短暂的放松会让之前出于紧张状态的大脑得到休息，这样当你再坐回椅子开始工作的时候，大脑的工作效率会更高。

步骤05：加强完成任务的欲望

如果你很讨厌手头上在做的工作，那么你就更容易被其他事物分散注意力。但是，每个人都有必须完成自己不喜欢的任务的时候，这时你就要找到能够刺激自己的兴奋点，这样你才能集中精神把工作完成。

步骤06：适当给自己奖励

当完成一项任务的时候不妨给自己一个奖励。比如说去喜欢的餐厅用餐，或者找个安静的咖啡厅喝杯卡布奇诺，等等。给自己奖励，会让你觉得自己很重要，当你回头看已经完成的工作时，你会为自己感到骄傲的。

职场中，我们要想成就自己的事业，达成心里的梦想，唯一的最好办法就是要集中精力、专心致志地做好工作，如此才能事半功倍，最快达到自己的目标。

有个中学毕业的荷兰农民，无法在大城市找到工作，只好回到小镇，但是小镇也没有适合一个中学生的工作，他只好去了镇政府看大门。

看大门的工作实在是太清闲了，实在没有什么事做时，这个青年选择了最费时费工的打磨镜片作为自己的业余爱好，他每天就这样不紧不慢、不慌不忙沉着性子打磨，日复一日，月复一月，年复一年，他这样磨呀磨，不知不觉60多年过去了，除了看大门，60多年以来他只做了一件事——磨镜片。但是正因为他专注于这一件事，他磨镜片的技术也成为全国一流的，而且他还因为磨的镜片实在太好，可以把微小的物体放大好多倍，从而使他发现了从来还没有被人发现过的另一个神奇的世界——微生物世界，他的发现震惊了全世界。

为了表彰他为人类作出的卓越的贡献，中学毕业的他被授予巴黎科学院院士，英国女王还专程到小镇会见他。

这不是传说中的故事，而是实实在在的真实的人物，这就是科学史上最著名的发现微生物的荷兰科学家万·列文虎克。

可见，只要专心致志、全力以赴地去认真做一件事，这件事一定会带给你成功的喜悦。很多天资不高的人之所以能够比聪明人的成就更大，只因为他们掌握了认真专注这个秘密武器。再有能力的人如果把精力分散在很多工作中，他致力于每一件工作中的精力就会很少，这样当然很难把工作做好，其结果肯定远远不如那些能力不大但专注于一件工作的人。而那些执著专注、认准一个目标，集中力量，不彷徨不迟疑，坚持到底的人，成功一定属于他们。

职场点拨

作为一名好员工，不管做什么工作都要专心、细心、耐心和用心，不管做什么工作都不要轻率疏忽，要全力以赴以求达到最佳境地。

第四节　认真就是注重细节用心做事

名人名言

认真做事只是把事情做对，用心做事才能把事情做好。

——李素丽

细节是一种创造，细节是一种功力。细节表现修养，细节体现艺术，细节凝结效率，细节产生效益。能够看得见细节的人，不仅能够认真对待工作，而且可以把小事做细，从而使自己走上成功之路。

牛顿注意到苹果由树上掉下来这一细节，提出了万有引力定律。

弗来明深入思考葡萄糖菌被污染这一细节，发明了青霉素。

阿基米德从洗澡水溢出澡盆这一细节获得灵感，发现了浮力定律。

沃尔玛公司坚持抓好“降低成本，为顾客省钱”的细节，发展为世界零售业巨子。

丰田汽车公司把精细化的生产管理落实到细节之中，创造了辉煌的业绩。

海尔公司始终坚持“精细化、零缺陷”的经营理念，使一个亏损企业发展成为世界家电巨头。

20世纪世界四位最伟大的建筑师之一密斯·凡·德罗，在被要求用一句最概括的话来描述他成功的原因时，他只说了五个字：“魔鬼在细节”。他反复强调的是，不论你的建筑设计方案如何恢弘大气，假如你对细节的把握不到位，就不能称之为一件好作品。

…………

无数事实证明，事业的成功源于“细节”。中国的先贤曾说过：“天下大事，必做于细。”现如今，“细”的工作作风是事业成功的必要条件。

当宝洁公司刚开始推出汰渍洗衣粉时，市场占有率和销售额以惊人的速度飙升，但是，过了不久，这种强劲的增长势头就逐渐放缓了。宝洁公司的销售人员特别纳闷，虽然进行过大量的市场调查，但一直都找不到销量停滞不前的原因。

于是，宝洁公司召开了一次产品座谈会，会上，有一位员工说出了汰渍洗衣粉销量下滑的关键：“汰渍洗衣粉的用量太大。”

宝洁公司的领导们急忙追问其中的缘由，这位员工说：“看看我们的广告，倒洗衣粉要倒那么长时间，衣服是洗得干净，但要用那么多洗衣粉，算起来很不划算。”听到这番话，销售经理立即把广告经理找来，算了一下展示产品部分中倒洗衣粉的时间，一共3秒钟；而其他品牌的洗衣粉广告中倒洗衣粉的时间仅仅1.5秒。

就是在广告上这么细小的一点疏忽，对汰渍洗衣粉的销售和品牌形象造成了严重的伤害。这是一个细节制胜的时代，每个人只有做好每一个细节，才能脚踏实地地完成宏伟的目标。

学会在细节上下工夫，才能把握事情的关键，有助于事业的成功。

真正想成就大事的人，从来不小看小事的作用，而是把工作做到每一个细节处，从而赢得老板的赏识，获得更多的发展机遇。

某公司招聘一名业务主管，在经过几轮残酷的考核淘汰之后，应聘人数由最初的几十人变成了三个人。三位应聘者在前几轮的测试中表现都十分出色，无论学识、阅历、口才、形象都相差不多，简直不分伯仲。

最后，公司经理亲自出面挑选最后的人选，他的测试方法非常简单：在桌子上放了几张白纸和一支注满了墨水的金笔，让三位应聘者在纸上写下各自的简历。

应聘者甲坐到桌前，拧开金笔正要写字，恰好金笔漏下了一滴墨水，不偏不倚地落到了洁白的纸上。应聘者甲慌忙把滴了墨水的纸揉成一团，重新拿了一张纸写起简历来，无奈金笔依旧漏水，短短一份简历，等他写完已经用了四张纸。

应聘者乙发现金笔漏水后，从容地从西服口袋里拿出自己的笔，顺利地写完了简历。

轮到应聘者丙上场了，他发现金笔漏水后，并没有急着书写简历，而是不慌不忙地拧开金笔，小心地捏了捏金笔的储墨囊，排出储墨囊里过多的墨水。金笔不再漏水，他自然写得格外从容。

最后，经理宣布，公司决定留下应聘者丙担任业务主管。当另外两名应聘者问起他们落选的原因时，经理告诉他们：论学历，论资历，你们几乎分不出高下，但是应聘者丙愿意寻找问题的根源，并且能想办法去解决问题，从这一点上看，他要比你们高明。

在人生的竞技场上，有时候注重细节能使你得到命运之神的垂青。而所谓注重细节，说穿了也不过是拥有一颗永远都在思考、永远都保持着好奇的心，注重细节也是一种能力。

培养注重细节的习惯，是个人与企业共同发展的必然要求，那该如何培养注重细节的习惯呢？

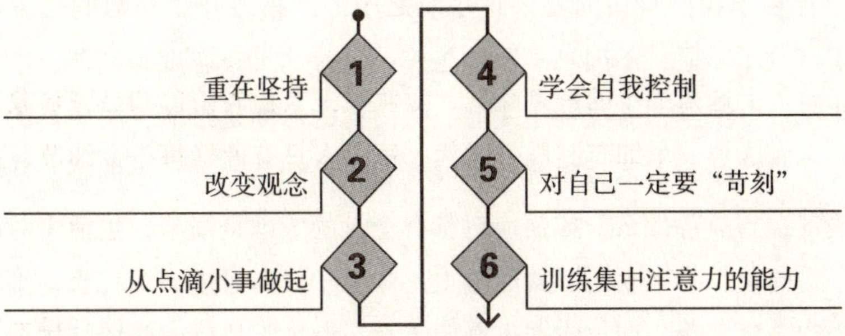

培养注重细节的习惯

培养01：重在坚持

细节是一种思维与行动意识的高效组合。谁都想做好每件事，但有的人就是做不好，一件事不是这里出错就是那里出错。不能说他们不努力，但问题就是发生了，原因就是没有坚持细节习惯的培养：一段时间做到了认真执著，一段时间又懒散松懈，做事有头无尾，总是半途而废，这样就无法真正养成注重细节的好习惯。

培养习惯是经过“曲不离口，拳不离手”，经过“韦编三绝”，最终实现“百炼成钢”的一个过程。每一个成功者所具备的成功品质与能力，都是由无数个细节习惯的积累而成的。因此，一旦养成良好的细节习惯，就不会再被刻意坚持好习惯与纠正坏习惯的矛盾心情所累，相反那种水到渠成、收放自如的自控能力会让你于轻轻松松中胜人一筹。

培养02：改变观念

不注重细节的人，在日常工作中往往对其他注重细节的人和事也不会正确对待，比如，他们会给精打细算的人冠以“斤斤计较、小家子气”的称谓，对善意的提醒会恶言相加，对关系自己生命安全的问题却常抱有侥幸心理，这都是主观上未对细节重视的行为体现。

只有在思想上对细节足够重视了，才能使自己的行为严格要求。因此，要成为优秀员工，就要改变旧观念，提倡细节决定成败的观念。

培养03：从点滴小事做起

细节存在于我们身边的每一件小事之中。严格遵守工作时间，上班不要迟到，下班时不早退，不因私事影响工作，良好的工作态度是细节；节约一滴水、一张纸、一度电，养成随手关灯、关门窗的习惯是细节；所出具的数据、撰写的文章、产品的工艺指标都做到没有差错是细节；对经手的事，从时间、地点的确定，到准备什么、如何应对都有全盘的考虑是细节；生活中对同事、朋友的一句问候、一声劝勉，累时端上一张椅子，渴时递上一杯水是细节；生产中减少跑、冒、滴、漏，实现安全无事故、设备无故障、装置长周期运行是细节；对每一个工艺指标的变化，每一台设备的维护及运行情况都做到心中有数；等等；这些都是细节。

当养成关注细节的习惯后，你就会发现，无论待人接物，还是工作进展，都会顺手许多，效率也会大大提高。

培养04：学会自我控制

每个人都兼具感性与理性，对大小琐事都想用理智作衡量是不可能的，而且大部分行为都是以感情为出发点的，这是人性真实的一面。通常因为别人的一句话，便耿耿于怀，动辄勃然大怒，血液充满脑部，根本无法自我控制，等到情绪过后，才来懊悔当初，这是一般人的通病。

因个人某方面致命的弱点或缺陷而归于失败的人不在少数。这样的人，一定要培养自我控制的能力，克服浮躁的情绪。要经常想到自己的弱点、自己的不足，既要自我崇尚、有信心，更要自我检查、随时修正，不断地自我完善、自我提高。只有能自我克制的人，才能不为外界环境所左右，静下心来的时候才能更加做好细节的小事。

培养05：对自己一定要“苛刻”

养成任何好习惯，都要从严要求自己。每天做好工作计划，准备好备忘录，事无巨细一件一件地完成。正如人们所说的，完成一件小事比计划中的大事更有效。

对上级下达的工作任务，要身先士卒，争取每一件事情都做到位，不能敷衍了事。只有在一些细枝末节上对自己严格要求，才能在不知不觉中让一直困扰自己的粗心大意的毛病渐渐地销声匿迹。

培养06：训练集中注意力的能力

一个人想同时追两只兔子，最后只会一无所获。有道是“十年磨一剑”，中国古代的铸剑师为了铸成一把好剑，必须在深山中潜心打造十几年。可见，专注能够保证工作效率的最大发挥。

必须远离那些容易分散注意力的事情，集中精力选准主攻目标，专心致志地做好每一件小事，这样才可能取得成功。

职场点拨

随着现代社会越来越细和专业化程度越来越高，一个要求精细化的管理和生活时代已经到来。身为一名职员，我们要努力培养自己，关注细节，做好小事的能力，关心身边的每一件小事，无论是身处什么样的职位都要踏踏实实，认真细致，将自己的工作做到最好。

第五节　认真就是坚持到底永不放弃

名人名言

把每一件简单的事做好就是不简单，把每一件平凡的事做好就是不平凡。

——张瑞敏

快节奏的工作步伐是当今职场中人普遍的工作状态，日复一日，大同小异的工作方式开始渐渐地消磨你的锐气，同事间无止休的勾心斗角也让你对职场产生了倦怠的情绪。你发现自己开始陷进情绪低谷，整天得过且过，先前的工作热情也荡然无存了。

雪梅是个漂亮可人的杭州姑娘，学的是新闻传播专业，本科毕业后通过家人的关系进入了上海一家比较有知名度的杂志社当采编，体面的工作丰厚的薪水一度让身边的朋友羡慕不已。最初，她一直为能够学到很多新东西而高兴，因此十分卖力地工作，尽管自己是新手，可是在工作业绩方面丝毫不比别人差。掐指算算，自毕业后雪梅已经在这个杂志社待了将近三年。就在公司即将进行人员调整，准备要从众多采编中选出一名编辑的时候，新的问题来了。由于工作性质的原因，雪梅的部门同事基本上都是女性，表面上大家都和和气气的，可一旦涉及一些利益问题，“河流平静的表面就开始催生出底层的暗涌”。大家都有心里的小算盘，对编辑的职位也都虎视眈眈她盯着。雪梅也希望能得到这个职位，只是在学历上比别人稍微差了点（有几个同事都是研究生学历），但论业绩她完全有资格。因此，她想不到最后一刻就决不放弃，誓必要坐到编辑这个位置上。

尽管在学历上失去了优势，可是她在其他方面将之弥补，及时给自己订制出充电计划，同时为竞聘计划精心准备了相关材料和讲说稿。经过坚持不懈的努力，实力雄厚加准备充分再加自信满满，最终在单位的竞选中，雪梅在同事里脱颖而出，顺利地当上了编辑一职。

很多人都明白一个道理，那就是只有锲而不舍才能成功。可是在现实中，很多人总是因为害怕失败而安于现状，不思进取，这样就算他们有成功的心，却永远只能停留在起点上。

逸辰因为工作原因经常会坐火车出差，可是很多时候他都因为是临时买票而买不到坐票，可是每一次，无论车上有多么的拥挤，他却总是能够找到座位。

其实，逸辰的做法非常简单，每次买到站票后，他都是从车头或车尾上车，然后耐心地一节一节的车厢往前走，直到找到座位为止。虽然他的这个做法并不见得有多高明，但却很实用。每一次上车前，他都做好了从第一节车厢走到最后一节车厢的准备，可是，每次他都没有走到最后就找到了座位。

逸辰说，其实每趟车几乎都会有一些空余的座位，他经常看到在附近的车厢里有几个空位，而在其他车厢的过道里和车厢接头处却站了很多人，大多数的人都被车厢拥挤的表面现象所迷惑了，而不去想列车经过这么多次停靠后，从火车上上下下的流动过程中蕴含着很多提供座位的机遇。而且很多人即使是想到了，也没有耐心去一节一节车厢寻找，他们怕自己离开后，眼前一点点立足之地也被别人占据了，或是认为为了一两个座位背负着行囊而去挤来挤去的很不划算，或是安于现状，有个立足之地就很满足了。

成功永远都青睐那些锲而不舍的人，只要坚持自己认为对的事情，努力去做，终究会有结果。

任何一家企业发展的历史当中，大多数的成功不是源于智慧，也不是源于幸运，而是源于不懈的坚持。

企业要求每一个员工都必须有骆驼一样的韧性与毅力，对每一项工作，每一件事情都要锲而不舍。他们坚信，一个员工可以没有卓越的才华，可以没有超凡的能力，但是绝对不能没有坚持不懈的精神。

工作中最艰苦的时候，往往也就是距离成功最近的时候，一旦放弃，就意味着完全失败，只有勇敢坚持的员工，最后才可能品尝到成功的喜悦。

21岁的存书升任公司最年轻的部门主管，开始掌管品质部。每天带着一帮比自己年龄大很多、经验也丰富很多的下属工作，本身就压力山大。这还不算啥，最难的是经验和资历都欠缺的他，还要与一众难搞的部门去交涉各种难题，推动各种项目进行改善。那时，每天早上他都难到想跳楼。但能力不是急就会马上有的，所以每天他唯一能做好的事情就是调整好状态，让自己精神饱满、满腔热情地去上班。每当受阻时，他就对自己说，没关系，再坚持一下，再试一次。渐渐地，情况竟然真的向好的方向改变了。

离开原公司后，一次，存书升与老同事相聚，聊起往昔，很好奇同事当年怎么会支持他这个“三无”（无学历、无经验、无背景）人员的工作呢？答曰：“你的坚持和热情。”同事说：“那时候，我们不服气，故意给你难堪和难题。我们常打赌，第二天，你一定会放弃的。结果你没有。每天早上见到你，都意气风发，热情洋溢，一幅从不曾受过打击的样子。为此，我输过很多餐饭。我是被你的坚持和热情感染，慢慢改变态度的。”

坚持虽然并非一定就会胜利，但它一定是胜利前的曙光；它不是最终的成功，但确实是成功前的希望火把，它能够一直把你带到更美好的未来。

一轮竞争激烈的面试坚持下来了，你就能获得一份让人羡慕的工作和一个美好的前途；一场旷日持久的攻坚战，如果坚持下来了，等待你的将是一个崭新的局面——老板的赞赏、职位的升迁和薪水的增长；一次艰苦卓绝的谈判，坚持下来了，不但会获得一张足以挽回败局的订单，而且还会多一群敬重你魄力的朋友；而不会因坚持不下来，让企业蒙受损失和增加一群耻笑你无能的对手。这就是每个员工必须面对的现实。

你别无选择，只有坚持，坚持，再坚持！不管以前取得过多么骄人的成绩，也不管前进道路上遇到多么难以克服的困难，不要让过去的成败成为你现在的包袱，在工作上保持始终如一的韧劲，毫不犹豫地朝既定目标走下去，成功才会属于你。

小雪、小文和小清三名数控专业中专毕业生一毕业就参加了职业见习，见习岗位为数控机床。见习期间，小文觉得见习不是正式工作，因此不重视见习机会，经常不是迟到早退就是请假，见习基地觉得他无视劳动纪律，见习期满未作留用。小清觉得数控操作辛苦，不能坚持，因此自愿中途退出。小雪自始至终都能认真见习，从不怕辛苦，能很好地完成带教老师安排的学习内容，因此顺理成章被企业留用。

三位见习生在当前职场新人中很具有代表性。有些新人像小文一样我行我素，言行举止缺乏诚信，自然不受欢迎；有些新人像小清一样，总觉得工作辛苦，经常自动放弃机会；当然还有不少求职成功者就像小雪一样，珍惜就业机会，谦虚好学。事实上，三位见习生的职业技能水平都差不多，都有机会被录用，可唯独只有小雪坚持到了最后。新人要想在职场上求得发展，除了具备硬实力，如学历、技能和经验等，更需要具备一些软实力，难能可贵的就是坚持不懈。

现实生活中，多数人对岗位的新鲜劲过去后，就会进入职业倦怠期。克服这种倦怠，坚持下去尤为重要，若是因此而跳槽，则看似多了一些工作经验，却容易造成职业发展不顺。对于职场新人来说，该如何才能做到坚持不懈呢？

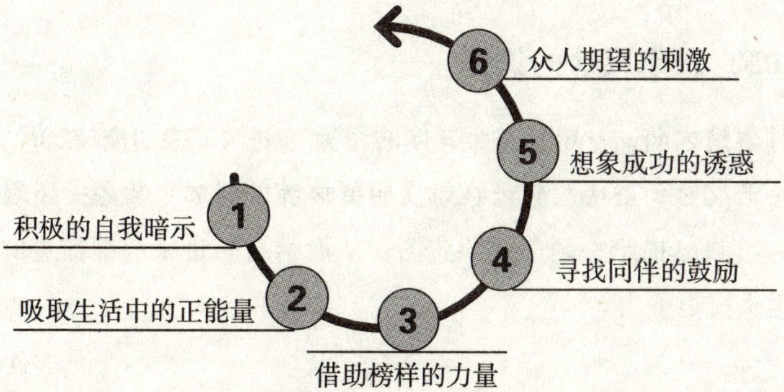

做事坚持不懈的技巧

技巧01：积极的自我暗示

心里的想法对一个人的行为有非常深远的影响，心态便是这个道理。在生活中常常进行一些积极的自我暗示，例如，我一定能瘦下去、我一定能战胜一切，等等，在这样的主动的心态引导下，化解困难就不那么难了。

技巧02：吸取生活中的正能量

每天早上起床和晚上睡觉前，多看一些积极向上的东西，吸取其中的正能量；每天上下班的过程中，留意身边的正能量。让自己的心态是阳光积极的，这样坚持也就不那么困难了。

技巧03：借助榜样的力量

我们应该有一个属于自己的榜样，这个榜样不是拿来羡慕嫉妒恨的，而是学习借鉴的。“他”可以是某一个经历各种不易才成功的名人，也可以是身边具体的某一个人，甚至是故事里某一个主角。每次想放弃的时候，想想他们的经历和成功，立志自己要成为“他”。

技巧04：寻找同伴的鼓励

一句话叫做：“要想走得快，你就一个人走；要想走得远，那就一群人一起走”，说的就是这个道理。寻找一些志同道合的朋友，相互帮助，相互鼓励，成功路上便不再孤单。

技巧05：想象成功的诱惑

做一件事情之前，一定要有个具体的目标，例如，成功瘦掉20斤，赚取5万元、获得一等奖金，等等。自己在每次想要放弃的时候，想象一下目标达成以后的场面，给自己描绘一幅美丽的蓝图，从而给自己带来继续前进的动力，然后不论风雨坚持走下去。

技巧06：众人期望的刺激

我们都有非常重要的亲人、恋人、老师以及朋友，肩负着他们殷切的希望。每一次受伤动摇的时候，多想想他们的眼神，想想他们的关爱，给自己更多前进的理由，不管风雨，咬咬牙，坚持下去，相信成功就在转角之处。

职场点拨

现实生活界中，坚持者不一定都能成功，但成功者却一定是那些坚持到底的人。